数学教学与思维能力培养

贾允卿　著

吉林科学技术出版社

图书在版编目（CIP）数据

数学教学与思维能力培养 / 贾允卿著. -- 长春：吉林科学技术出版社，2023.3

ISBN 978-7-5744-0200-3

Ⅰ．①数… Ⅱ．①贾… Ⅲ．①数学教学—教学研究 Ⅳ．① O1-4

中国国家版本馆 CIP 数据核字（2023）第 061847 号

数学教学与思维能力培养

著　　者	贾允卿
出 版 人	宛　霞
责任编辑	赵维春
封面设计	树人教育
制　　版	树人教育
幅面尺寸	185mm×260mm
开　　本	16
字　　数	250 千字
印　　张	11.25
版　　次	2023 年 3 月第 1 版
印　　次	2023 年 3 月第 1 次印刷
出　　版	吉林科学技术出版社
发　　行	吉林科学技术出版社
地　　址	长春市南关区福祉大路 5788 号出版大厦 A 座
邮　　编	130118

发行部电话 / 传真　0431—81629529　　　81629530　　　81629531
　　　　　　　　　　　81629532　　　81629533　　　81629534

储运部电话　0431—86059116

编辑部电话　0431—81629520

印　　刷	廊坊市广阳区九洲印刷厂
书　　号	ISBN 978-7-5744-0200-3
定　　价	70.00 元

编委会

前　　言

　　高等数学是普通高等院校一门重要的基础必修课，这门课程不仅对培养学生分析问题、解决问题的能力和逻辑思维能力有着重要的作用。同时，随着数学学科自身的发展以及与其他各学科专业的交叉融合，高等数学的知识在文、史、理、工、农、医等各领域各专业方向中均有所涉及并且不断地渗透和发展，因此高等数学作为非数学专业的基础课程，其重要性是不言而喻的。作为大学的一门重要公共基础必修课，高等数学的教学，不仅需要教师具有出色的教学水平和严格清晰的推理论证，还需要学生对高等数学课的学习具有饱满的热情、高度集中的精神，在反复的演算与推理中加深对高等数学知识的理解。

　　因此，大学数学老师应与时俱进，研讨变化教材激发学生潜能，让大学生不再是灌输式学习数学，而是在好奇心的驱使下自主进行学习。本书从数学教学的概念和常规教法入手，提倡大学数学的创新教学模式，如活动式教学，以问题为导向，让学生有思考地投入到内容和形式都十分丰富的学习活动中。与传统的教学相比，创新型学习的教学方法很好地实现了从讲堂到学堂的空间转变、从先教到先学的时间转变、教师从"教授"到"教练"的角色转变。此外，本书还详细论述了大学数学思维的培养以及数学建模与大学生创新能力的培养。

　　首先就高等数学教学与思维能力培养概念进行解读，其次分析了基于数学理念创新的高等数学教学、基于教学目标调整的高等数学教学、基于教学主体改革的高等数学教学、基于数学模式更新的高等数学教学以及基于数学文化渗透的高等数学教学，最后阐述了高等数学教学中思维能力培养以及创造能力培养，致力于提升高等数学教学质量水平。

　　本书参考和引用了大量的文献资料，在此一并向中外参考文献的作者表示感谢。

目 录

第一章　高等数学教学与思维能力培养概念

第一节　高等数学教学概念

一、数学发展简史与发展

19世纪法国杰出的数学家庞加莱说过这样一段发人深省的话："如果我们想要预见数学的未来，适当的途径就是研究这门科学的历史和现状。"他敏锐地指出了数学史在数学发展中的重要作用。对于数学的概念和理论，如果知道它的来龙去脉，了解它的现实模型和实际应用，就会对它有更深刻的认识。总而言之，研究数学发展史，可以总结历史上数学兴衰的经验教训，掌握数学发展的规律，继而预测数学未来的进程。

数学的发展史大致可以划分为四个时期。

第一个时期即数学形成时期，这是人类建立最基本的数学概念的时期。早在公元前十几世纪，铁器的出现大大促进了生产力的发展。社会财富快速增长，商业贸易随之迅速发展。由于生活、生产和社会经济的需要，人们需要不断地计算产品的数量、劳动时间的长短和分配物品的多少；需要丈量土地的面积，测定建筑物的形状和大小；需要进行天文、气象的观测等。人们在围绕着数与形这两个概念的研究中，使数学逐渐地发展起来。人类从数数开始逐渐建立了自然数的概念，学会了简单的计算法，并认识了最简单的几何形式，逐步地形成了理论与证明之间的逻辑关系的"纯粹"数学。当时算术与几何还没有分开，彼此紧密地交错着。

第二个时期称为初等数学，即常量数学的时期。这个时期从公元前5世纪或比这更早一些开始，直到17世纪，大约持续了两千余年。在这个时期逐渐形成了初等数学的主要分支——数、几何、代数、三角。

按照历史进程和地域的不同，可以把初等数学史分为三个不同的阶段：希腊时期阶段、东方时期阶段和欧洲文艺复兴时期阶段。

希腊时期正好与希腊文化普遍繁荣的时代一致。到公元前3世纪，在最伟大的古代几何学家欧几里得、阿基米德、阿波罗尼奥斯的时代达到了顶峰，而终止于公元6世纪。当时最光辉的著作是欧几里得的《几何原本》。尽管这部书是两千多年前写成的，但是它的一般内容和叙述的特征，却与我们现在通用的几何教科书非常相近。

希腊人不仅发展了初等几何，而且把它导向成了完整的体系，得到了许多非常重要的结果。例如，他们研究了圆锥曲线：椭圆、双曲线、抛物线，证明了某些属于射影几何的定理。以天文学的需要为指南建立了球面几何以及三角学的原理，并计算出最初的正弦表，确定了许多复杂图形的面积和体积。

在算术与代数方面，希腊人也做了不少贡献。他们奠定了数论的基础，并研究丢番图方程，发现了无理数，找到了求平方根的方法，知道算术级数与几何级数的性质。在几何方面，希腊人已接近高等数学，而阿基米德在计算面积与体积时已接近积分运算，阿波罗尼奥斯关于圆锥曲线的研究已接近于解析几何。

"希腊七贤"之首泰勒斯最早提出"论证数学"的思想，被后人称作世界第一位数学家和几何证明的创始人。其传人毕达哥拉斯创立的学派盛极一时，该学派在数学上信奉"万物皆数"，最早发现勾股定理等。但是毕达哥拉斯的弟子希帕苏斯在考虑边长为 1 的正方形的对角线的长度时，发现这个长度不能用已知的数来表示，便动摇了"万物皆数"的信条，遭到该学派的谴责，并被抛向大海而葬身鱼腹。虽然如此，希帕苏斯的发现还是引发了第一次数学危机，也促成了后来无理数的发现。

应当指出，当时我国的算术和代数也已经达到了很高的水平。在公元前 2 世纪到 1 世纪已有了三元一次联立方程组的解法。同时在历史上第一次利用负数，并且叙述了对负数进行运算的规则，也找到了求平方根与立方根的方法。

随着希腊科学的终结，在欧洲出现了科学萧条时期，数学发展的中心移到了印度、中亚细亚和阿拉伯国家。从 5 世纪到 15 世纪的一千余年间，在这些地方，数学由于计算的需要，特别是由于天文学的需要而得到发展。印度人发明了现代计数法，引进了负数，并把正数与负数的对立和财产与债务的对立及直线上两个方向的对立联系了起来。他们开始像运用有理数一样运用无理数，并给出了表示各种代数运算包括求根运算的符号。由于他们没有对无理数与有理数的区别感到困惑，从而为代数打开了真正的发展道路。

"代数"这个词本身起源于 9 世纪的数学家和天文学家穆罕默德·花拉子米。花拉子米的著作基本上建立了解方程的方法。从那时起，求方程的解作为代数的基本特征被长期保持了下来。他的代数著作在数学史上起了重大作用，后来被翻译成拉丁语，曾长期作为欧洲主要的教科书。

中亚细亚的数学家们找到了求根和一系列方程的近似解的方法，得出了"牛顿二项式定理"的普遍公式，他们有力地推进了三角学，把它建成一个系统，并造出非常准确的正弦表。这时中国科学的成就开始传入邻国。约在公元 6 世纪，我国的古代数学家已经会解简单的不定式方程，知晓几何中的近似计算以及三次方程的近似解法。

到 16 世纪，所缺少的主要是对数及虚数，还缺乏字母符号系统。正如在远古时代，为了运用整数而制定表示它们的符号一样，现在为了运用任意数并对它们给出一般运算规则，需要指定类似的符号。这个任务从希腊时代就开始而直到 17 世纪才完成，在笛卡尔和其他人的工作中最终形成了现代的符号系统。

在科学复兴时期，欧洲人向阿拉伯人学习，并且根据阿拉伯文的翻译熟识了希腊科学。从阿拉伯沿袭过来的印度计数法逐渐在欧洲确定了下来。

到了 16 世纪，欧洲科学终于超越了先人的成就。例如意大利人塔尔塔利亚和费拉里在一般形式上解决了三次方程与四次方程解的问题，在这个时期开始运用虚数，现代的代数符号也出现了，其中出现了表示未知数和表示已知数的字母符号，这是韦达在 1591 年提出的。

最后，英国的奈皮尔发明了供天文学做参考的对数，并在 1614 年发表。布利格算出第一批十进对数表是在 1624 年。

当时在欧洲也出现了"组合论"和"牛顿二项式定理"的普遍公式。级数确定得更早，所以初等代数的建立是完成了，以后则是向高等数学即变量数学的过渡。但是初等数学仍在发展，仍有很多新的结论出现。

第三个时期是变量数学的时代。到 16 世纪，封建制度消亡，资本主义开始发展并兴盛起来。在这一时期中，家庭手工业、手工业作坊逐渐被工场手工业所取代，并进而转化为以使用机器为主的大工业。因此，对数学提出了新的要求。这时，对运动的探究变成了自然科学的中心问题。实践的需要和各门科学本身的发展使自然科学转向对运动的研究，对各种变化过程和各种变化着的量之间的依赖关系的研究。

17 世纪开始了人类的科学时代。由于人们掌握了科学方法，自然科学在各方面都呈现出一派突飞猛进的大好形势，其中由牛顿一手奠定基础的物理科学两大支柱：力学和数学起了带头和主力军的作用。这时，"运动"成为自然科学研究的中心课题，从而迫使数学去建立相应的概念和理论。17 世纪上半叶，变量的概念随之而生。伟大的数学家笛卡尔以力学的要求为背景，把几何内容与代数形式结合起来，引进了笛卡尔"变数"，他把过去对立着的两个研究对象"数"和"形"统一起来，于 1637 年建立了解析几何学，完成了数学史上一项重要的变革；从此，开始了变量数学的新纪元。恩格斯对笛卡尔的变量思想给予了极高的评价："数学中的转折点是笛卡尔的变数。有了变数，运动进入了数学；有了变数，辩证法进入了数学；有了变数，微分和积分也就立刻成为必要的了，而它们也就立刻产生，并且是由牛顿和莱布尼茨大体上完成的，但不是由他们发明的。"

作为变化着的量的一般性质和它们之间依赖关系的反应，在数学中产生了变量和函数的概念。数学对象的这种根本扩展决定了数学向新的阶段，即向变量数学时期的过渡。数学中专门研究函数的领域叫作数学分析，或者叫无穷小分析，无穷小量的概念是研究函数的重要工具。所以，从 17 世纪开始的数学的新时期——变量数学时期，可以被定义为数学分析出现与发展的时期。

1637 年，笛卡尔完成了其著作《几何》。这本书奠定了解析几何的基础，给出了字母符号的代数和解析几何原理，即引进坐标系和利用坐标方法把具有两个未知数的任意代数方程看成平面上的一条曲线。解析几何给出了回答如下问题的可能性：

（1）通过计算来解决作图问题；

（2）求由某种几何性质给定的曲线的方程；

（3）利用代数方法证明新的几何定理；

（4）反过来，从几何方面来看代数方程。

解析几何是这样一个数学门类，即在采用坐标法的同时，用代数方法研究几何对象。在笛卡尔之前，数学中起优势作用的是几何学。笛卡尔把数学引向另一行径，这就使代数获得更重大的意义。

变量数学发展的第二个决定性标志是牛顿和莱布尼茨在17世纪后半叶建立的微积分。事实上牛顿和莱布尼茨只是把许多数学家都参与过的艰难准备工作完成了，它的萌芽却要追溯到古代希腊人所创造的求面积和体积的方法。

微积分的起源主要来自三个方面的问题：一是力学的一些新问题，如已知路程与时间的关系求速度及已知速度与时间的关系求路程；二是几何学中一些相当古老的问题，如作曲线的切线和确定面积与体积等问题；三是函数的极值问题。

除了变量与函数概念以外，以后形成的极限概念也是微积分以及相关学科进一步发展的基础。同微积分一道，还产生了数学分析的另外部分：级数理论、微分方程论、微分几何。所有这些理论都是因为力学、物理学和技术问题的需要而产生并向前发展的。

当时尽管微积分学得到了广泛的应用，但是逻辑上却存在着一些不严密之处，尤其是在无穷小概念上的混乱，曾引起过不少科学家的批评。1734年，英国哲学家、牧师贝克莱发表了在科学史上引起轩然大波的小册子《分析学家，或致一位不信神的数学家》，矛头直指牛顿的流数方法和莱布尼茨的微积分，立即引发了历史上耸人听闻的第二次数学危机，从而激发18、19世纪的众多数学家对微积分的完善做了大量出色的工作，促使微积分日臻完善，化解了第二次数学危机，也发展了一些后续学科，诸如微分方程、微分几何、复变函数等。

数学分析的蓬勃发展，不仅成为数学的中心和主要部分，而且还渗入数学中较古老的一些领域，如代数、几何与数论。通过分析变量、函数和极限等概念，运动、变化等思想，使辩证法渗入全部数学。同样地，只有通过分析，数学才能在自然科学和技术的发展中成为精确表述规律和解决问题的得力工具。

在希腊人眼中，数学基本上就是几何，在牛顿以后，数学基本上就是分析了。因而可以说，微积分的创立在科学史上具有决定性的意义。

不过，分析不能包括数学的全部。在几何、代数和数论中都保留着它们特有的问题和方法。比如，在17世纪，与解析几何同时产生的还有射影几何，而纯粹几何方法在射影几何中占统治地位。

同时期还产生了另一个重要的数学门类——概率论。它产生大量"随机"现象的规律问题，给出了研究出现于偶然性中的必然性的数学方法。

在希腊几何的历史上，欧几里得所做的严格和系统的叙述结束了以前发展的漫长道路。和这种情况相似，随着分析的发展必然出现更好地论证理论、使理论系统化、批判地审查理论的基础等这样一些任务。这些任务出现于19世纪中叶，这些重要而困难的工作在许多杰出学者的努力下而圆满完成，特别是获得了实数、变量、函数、极限、连续等基础性概念的严格定义。变量数学的长足发展，促使许多新兴的数学学科蓬勃向前，其内容和方法不断地充实、深入和扩大。到19世纪初，数学研究领域业已枝繁叶茂，硕果累累，似乎数学的宝藏已挖掘殆尽，无多大发展的余地了。数学这块庆战的阵地上出现了胜利后的暂时宁静。这宁静孕育着新的激战，预示着巨大革命潮流的到来。随着自然科学及工程技术的迅猛发展，19世纪20年代，数学革命终于再次来临了。

理论原则的建立是其发展的总结，但不是它的终结，相反的，正是新理论的起点。分析的情形也是这样，由于它的基础的准确化而产生了新的数学理论。这就是19世纪70年代德国数学家康托尔所建立的集合论。在此基础上又产生了分析的一个新分支——实变函数论。集合论的一般思想已渗入数学的所有分支。这种"集合论观点"与数学发展的新阶段不可分割地联系在一起。

正当人们欢呼喝彩时，"罗素悖论"好似一颗重磅炸弹，震撼了数学界，号称天衣无缝、绝对正确的精确数学居然也出现了自相矛盾。这一悖论使数学家们惶恐不安，许多人努力设法去消除这个悖论，于是引起了一场涉及数学基础的大论战。它刺激着大批数学家去奋力探索如何进一步建立严格的数学基础，比如希尔伯特形式化公理方法及罗素对数理逻辑的探讨，都对数学发展有着十分重要的影响。由于这些崭新的数学领域的出现，数学又迈进了一个新的历史时期——现代数学时期。

第四个时期为现代数学时期。这一时期的特征是数学的研究对象数量急剧增加，一切可能的量和更为一般的量及其关系，都成为数学的研究对象。现代数学的另一个特征是新的概括性概念的建立，富有新的更高的抽象程度。

19世纪上半叶，罗巴切夫斯基和波尔约就已经建立了新的非欧几何学，它的思想是别开生面的和出乎意料的。正是从这个时候起，开始了几何学的原则上的新发展，改变了几何学是什么的本来理解。它的研究对象与使用范围迅速扩大。1854年，著名的德国数学家黎曼继罗巴切夫斯基之后，提出了几何学家能够研究的"空间"的种类有无限多的一般思想，并指出这种空间的可能的现实意义。如果说，以前几何学只研究物质世界的空间形式，那么现在，现实世界的某些其他形式，由于它们与空间形式类似，也成了几何学的研究对象，可采用几何学的各种方法对它们进行研究。因此，"空间"这一术语在数学中获得了新的更广泛的，也是更专门的意义，同时几何学方法本身也大大地丰富和多样化了。欧几里得几何本身也发生了很大的变化。现在可研究更为复杂的图形，乃至任意点集的性质。同时也出现了研究图形本身的崭新的方法，在这些研究的基础上，产生了各种新而又新的"空间"它们的"几何"罗巴切夫斯基空间、射影空间、各种不同维数的欧氏空间、黎曼空间、拓扑空间等，所有这些概念都找到了自己的应用。

在 19 世纪，代数也出现了质的变化，以往的代数是关于数字的算术运算的学说。这种算术运算是脱离了给定的具体数字在一般形态与形式上加以考察的。也就是说，在代数中，量都以字母来表示，按照一定的法则对这些字母进行运算。现代代数在保持这种基础的同时，又把它大大地推广了。它还考察比数具有更普遍得多的性质的"量"，并且研究对这些量的运算，这些运算在某种程度上按其形式的性质来说与加、减、乘、除等普通算术运算是类似的。向量是最简单的例子，我们知道，向量按照平行四边形法则相加，以致"向量"这个术语本身也常常失去意义，而一般的是讨论"对象"了，对这种"对象"可以进行与普通代数运算相似的运算。例如，两个相继进行的运动相当于某一个总的运动，一个公式的两种代数变换相当于一个总的变换等，因此就可证明运动与变换所特有的"加法"。现代代数在一般抽象形式上研究所有这种类似的运算。

现代代数理论是综合了 19 世纪前半叶许多数学家的研究理论后形成的，其中尤以法国数学家伽罗瓦的理论最为著名。现代代数的概念、方法和结果在分析、几何、物理以及结晶学中都有重大应用。群论与线性代数是现代代数中内容丰富的两个分支，并在自己的发展中得到很广泛的应用。

与此同时，分析也发生了深刻的变化。首先，它的基础得到了精确化，特别是形成了它的基本概念：函数、极限、微分、积分，其次是变量概念本身的精确和普遍定义，实数的严格定义也给出了。这些工作是由一批杰出的数学家完成的，其中有捷克数学家波尔查诺、法国数学家柯西、德国数学家魏尔斯特拉斯和戴德金等。在分析中发展出一系列新的分支，如实变函数论、函数逼近论、微分方程定性理论、积分方程论、泛函分析。在分析和数学物理发展的基础上同几何与代数新思想相结合产生的泛函分析在现代数学中起着特别重要的作用。

此外，我们还必须提到德国数学家康托尔的集合论。它促进了数学的其他许多新分支的发展，对数学发展的一般进程产生了深刻的影响。集合论还导致了数学领域的另一分支——数理逻辑的发展。一方面，数理逻辑基于数学的起源和基础，另一方面它又和计算技术的最新课题紧密相连。数理逻辑得到了许多深刻的结论。这些结论从一般认识论的观点来看也十分重要。但是，从好似笑话的罗素悖论，再到天才数学家康托尔的集合论不能自圆其说，惹起第三次数学危机，直到朴素集合论演变为公理集合论时，才平息了轰动一时的第三次数学危机。

敢问：是否还会有第四次乃至第 n+1 次数学危机呢？

从以上数学发展的轨迹中可以预测，数学的现代发展趋势不仅表现在现代数学的新领域和高层次中，而且还表现在数学向一切学科与社会部门的渗透和应用中，其主要表现在以下几个方面：

（1）从单变量到多变量，从低维到高维。

（2）从线性到非线性。

（3）从局部到整体，从简单到复杂。

（4）从连续到间断，从稳定到分岔。

（5）从精确到模糊。

（6）数学与计算机的结合。

二、数学教育本质与趋势

数学教育发展的源头，可以上溯到古代中国的"六艺"（礼、乐、射、御、书、数）教育和西方的"七艺"（文法、修辞、逻辑学、算术、几何、天文、音乐）教育。随着社会政治、经济、文化、科学、技术和生产的发展，数学本身已枝繁叶茂，数学教育也展现出勃勃生机。那么，作为学校教育中一个重要组成部分的数学教育，从古到今有哪些发展；为什么会有这样的发展；发展前景又将怎样；我们不妨对这些问题做一简要的回顾、探讨和展望。

数学教育的发展大致可划分为古代（19 世纪以前）、近代（19 世纪至 20 世纪 50 年代）和现代（20 世纪 50 年代以后）三个阶段。在此我们不可能全面回顾世界各国数学教育的发展历程，只能采取重点介绍的办法，以先综述时代背景后分析具体历程，先国外后国内的顺序勾勒出大致轮廓。

（一）古代的数学教育

古代希腊曾创造了丰富多彩的文化，尤其是在文学、艺术、哲学、数学等领域的成就，对古罗马和后世的欧洲有着极为深刻的影响。因此，我们不妨就选择古希腊的数学教育作为这一时期国外数学教育发展的一个代表。

在古希腊，直到公元前 6 世纪，它的数学、科学技术相对当时的东方来说，还是落后的。在那里，人们鄙视商业活动和手工业劳动，崇尚哲学和艺术，认为理想的人应该是一个才智见识超众的哲人，教育的任务就是培养这种充满智慧的人。如何培养呢？那就是让人学习文法、修辞、逻辑学、算术、几何、天文、音乐这七艺。

古希腊的学校教育可分为初级和中级两个阶段。初级教育一直持续到 14 岁，数学的教学内容主要是一些日常生活中的实用算术。接着在四年的中级教育中，有关数学的科目是几何和天文学。这一阶段的数学教学重点已转为训练思维和增长才智，但数学在七艺中的地位仍排在文法、修辞与逻辑学之后。中国是一个历史悠久的文明古国，在古代，为实行高度集权统治，必须树立以皇帝为最高权威的金字塔形的等级观念。长期以来，无论哪个朝代，都把"君为臣纲、父子为纲、夫为妻纲"和"仁、义、礼、智、信"等一套伦理道德作为传统教育的主要理念，因此，最受古代中国人重视的就是道德和礼仪。至于数学，则"自古儒士论天道，定律历者，皆学通之。然可以兼明，不可以专业"，甚至于"后世数则委之商贾贩鬻辈，学士大夫耻言之，皆以为不足学，故传者益鲜"。

中国历代所办学校可分为官学和私学两种。官学是各级官府所办的学校，早在西周已有。西周的国学是当时官学的一种，分为小学和大学两个阶段。小学以书、数为主，这"数"

便是数术，内容大都包含在《九章算术》中，多半是些结合日常生活和劳动的基本计算。对于大多数学生来说，他们一生中所受的数学教育主要也就是这些启蒙教育，因为大学阶段转而教授"礼""乐""射""御气"。可见，官学中教数学是仅为经世致用而已，但在专门传授数学的私学中情况则完全不同。私学是私人所办的学校，多半采用个别教学，教材及学习年限也不固定。在潜心数学学习和研究的私学中，师生完全沉浸在钻研数理的快乐之中，获得了大量具有世界先进水平的数学成果。隋朝之后，虽然建立了国家最高学府——国子寺，并在国子寺里增设了明算学，开创了我国高等数学教育机构，但由于历代统治者对数学教育的兴废无常，这一机构的作用极不稳定。因此，传授数学的私学依然是培养数学人才最主要的途径。

《九章算术》是我国最早独立成科的数学专门著作之一。全书采用问题集的形式，按"问""答""术"的顺序编写。因此，对大多数要用数学但又不想深究算理的人来说，只需学会依"术"行事，保证计算结果正确就可以了。而少数以数学为专业的人则可借助《九由此章算术》的注疏，探究"术"中蕴含着深奥的算理。我国古代数学家无不研习《九章算术》，可见，它对我国古代数学的教学和研究有着多么深刻的影响。

（二）近代的数学教育

进入 19 世纪，西方国家的科学技术迅速发展，但在学校教育中依然是传统的人文学科占统治地位。于是，古典教育和科学教育之间展开了一场比以往任何时候都更为激烈的斗争。坚持古典教育的人，自诩其教授几门课程便能给予人的心智以一般的训练，并使所得能力能够迁移到后来的一切学习中去，而且，这些课程均由观念构成，与道德培养密切相关。他们攻击科学教育必然会为了包揽一切功利的事项而汗牛充栋，更何况，这种科学教育课程是由事实构成的，与道德培养毫不相关。而倡导科学教育的人则强烈要求将近代科学引进学校教育，坚持在学校课程中，自然科学知识应占最重要的地位，应以实用的知识代替那些传统的不切实际的装饰性知识。在这场斗争中，科学教育思想首先在英国战胜了古典教育思想。科学教育的倡导者赫胥黎（M.N.Huxley）认为："像英国这样一个具有深厚的工商业利益的殖民主义大国，没有良好的物理和化学的教学，就会严重阻碍工商业的发展。不重视科学的教育是极其鼠目寸光的政策。"斯宾塞也认为：科学的价值是无穷无尽的，不仅在实用价值上，而且在训练价值、教育价值上，远胜于传统的人文学科。他们提出这些观点，正值国际贸易竞争激化的时候，所以很快就被英国采纳了。19 世纪中叶后，其他工业大国，如德国、法国和美国，也都相继采纳了他们的主张。于是，以科学为中心的学校课程体系开始建立起来。数学也因其与自然科学密不可分的联系在一起，从此在学校教育中占有了重要地位。

进入 20 世纪以后，人们发现，学校课程变得越来越庞杂，学生们不堪重负。许多人开始反思学校教育的目的究竟是什么？学校教育又该如何响应工业的发展、教育的普及、教育心理理论的更新？又一场教育改革运动开始酝酿了。

这一时期，学校先是重视职业教育，然后又重视生活适应教育。但总的来说，数学课程没有被忽视。由于初等、中等教育日益走向普及，学习数学的学生也随之大量增加，因此，当时对数学教育的改革，重点是使数学课程变得能够满足不同学生的需要和更容易为学生所掌握。比如，设置水平不同的数学课程，综合地处理数学的各科内容，在教学中强调直观等。

1901年，在英国学术协会年会上，近代数学教育改革的倡导者之一——培利（Perry），发表了著名的《论数学教学》演说。他认为，可以从教学内容和教学原则两方面去改革英国的数学教育。在数学教学内容上要从欧几里得《几何原本》的束缚中完全解脱出来；要充分重视实验几何学；要重视各种实际测量与近似计算；要充分利用坐标纸；应多教些立体几何（画法几何）；较过去更多地利用几何学知识；应尽早地教授微积分概念。相应地，关于数学教学原则，他强调"在儿童们了解事物的根源之前，必须先对那事物有亲近感，并进行观察。即便是简单的事物，与其由教师指出，不如让学生自己去发现"。可惜，他激进的演说并没有被当时保守的英国数学教育界采纳。

此时的德国数学教育改革在教材编写方面很有特色。19世纪末，出版了用射影的方法统一几何、代数和三角的《初等几何教科书》，以及融合了代数、几何、三角、画法几何的《初等数学教科书》，将几个分支综合起来，互相为用，互相渗透。德国伟大的数学家、国际数学教育委员会第一任主席克莱茵（F.Klein）热心倡导数学教育改革。他的《高等观点下的初等数学》告诫人们：数学教育的改革不能采取保守的、旧式的态度，数学教育工作者的头脑里应始终保持着近代的新的数学的进步、新教育的进展，来改造初等数学。他还主张：教育必须是用创造的方法。因此，空间的直观、数学上的应用、函数概念是非常重要的。他的改革方案注重让知识的呈现次序符合学生的认识过程，提倡以函数思想为中心组织教学内容，重视数学的应用。经1905年在意大利米兰召开的数学理科教授协会会议的讨论，这一改革方案发展成为著名的"米兰要目"。据此要目，出版了《近代主义数学教科书》。1915年，日本对其进行翻译，用作教材。

这一历史时期，中国的社会、学校教育也发生了极大的变化。早在明末清初，西方传教士就带来了《几何原本》等数学著作。这种不用筹算，不用珠算，而用笔算的抽象的系统的数学，令中国数学家耳目一新。徐光启非常推崇《几何原本》，他认为这是一本训练思维的好书，"举世无一人不当学"。从那时起，这本书对中国的初等数学教育开始产生重要影响。但在清代中后期，清政府采取闭关锁国的政策，甚至多次兴起文字狱，使西方数学的传入受到阻碍，数学家只得埋头于传统数学的整理与研究工作。1840年鸦片战争以后，中国的大门被打开，帝国主义列强迫使清政府签订了一系列丧权辱国的不平等条约，中国社会开始沦为半殖民地半封建社会。当时，来华的西方传教士不再满足于翻译介绍西方数学，他们在中国兴办教会学校，编写宗教用书和数理化教科书。用美国传教士狄考文的话说，就是"如果我们要将儒学的地位取而代之，我们就要准备好自己的人们，用基督教和科学来教育他们，使他们能胜过中国的旧士大夫，因此取得旧士大夫阶级所占的统治地位"。与此同时，清朝统治者中的有识之士也注意到了办学之重要。林则徐提出的"师夷长技以制夷"的主张，得到许多朝野人士的响应。闽浙总督和船政大臣联名启奏皇帝："水师之强弱，以炮船为宗；炮船之巧拙，以算学为本。"自此，两千多年来教学内容几乎没有任何变化的中国学校教育受到了巨大的冲击，数学课程在新式学校教育中占据主要地位。

这期间我国的数学教育较多地受到美国以及日本、英国的影响。教学内容与这些国家类似，有算术、代数、平面几何、立体几何、三角和簿记。教科书的发展则经历了一个逐渐提高的过程。从教材所用的数学符号和排版格式看，舍弃先进的西方数学符号不用，重新创造一些汉字符号，排版也沿袭中文的习惯，从右向左，自上而下，这被戏称为"套上中国马夹的西算"。进入 20 世纪以后，教材的形式已完全西化。再从教材的选用来看，先是以翻译美国传教士编写的水平一般的课本为主，后来发展到以翻译英、日、美等国质量较高的课本为主，以国人自编的课本为辅。20 年代，混合算学也开始在我国流行，但 30 年代以后，又恢复了分别设科的做法。一些国外的分科教材，如《范氏大代数》《三 S 平面几何》《斯、盖、尼三氏解析几何》逐渐流行，国人自编教科书虽也有一定影响，但使用面缩小了。

（三）现代的数学教育

20 世纪初克莱茵和培利于 20 世纪初播下的改革种子，直到 20 世纪 50 年代才盼来了生长的好气候。当时，经过二次世界大战，各国对科学技术在现代战争中的巨大作用有了深刻的认识。苏联第一颗人造卫星上天，又一次敲响了战鼓，形成了社会各界支持发展科学教育和数学教育的风尚，这为数学教育改革创造了一个极为有利的外部环境。与此同时，数学与教育学习理论取得了长足的进步，更为数学教育改革指明了方向。其中，尤以布鲁纳在其《教育过程》中阐述的结构课程论对数学教育改革的指导作用最大。布鲁纳认为，无论教什么学科，教授和学习该学科的基本结构最重要，学习应该是发现的，不是习得的，课程应由该学科的专家、教师和心理学家共同设计。这些观点在 60 年代的数学教育现代化运动中得到了较好的贯彻。

1951 年，美国以依利诺斯大学为中心，开始了数学教育改革的实验。1958 年，又成立了由国家资助的"学校数学研究小组"（SMSG）。通过 1959、1960、1962 年的几次国际会议，一场从美国兴起的"新数学"运动终于在 60 年代波及世界许多国家。

虽然各国改革的实际情况不尽相同，但在改革的一些基本观点上是一致的。比如，改革者都认为，当前的数学课程严重地落后于社会生产、科学技术和数学本身的发展，学生的数学学习偏重于记忆和模仿，缺乏对数学的理解，数学课程与内容之间缺乏整体联系，因此，需要采取有力措施提高学生的数学素养。

70 年代以后，各国的数学教育现代化运动都开始降温，进入了调整策略、总结经验教训的稳步改革阶段。新的改革者们开始重视从"新数学"运动一开始就不断传来的数学界内部的反对意见。虽然各国经过调整，都在向后"倒退"，但并不是重蹈 60 年代改革前的老路。大多数国家还是保留了映射、概率统计、向量、矩阵、微积分、计算机的使用等的初步知识，但对集合、数理逻辑、数学结构、公理化等严谨的抽象理论和符号不像过去那样过分强调，而是注重在教学中渗透这些思想。对于受"新数学"运动冲击最大的几何，大多数国家采取了让直观几何、变换几何和经过精简的欧氏几何共存的折中措施。教材的编排不再强求混合，但注意加强各科内容之间的联系。此外，针对传统数学和"新数学"都忽视数学的应用这一弊端，80 年代，美国又提出了重视问题求解的口号，并得到了其他国家的响应。

中华人民共和国建立以来，我国的数学教育也经历了几次变革。第一次是学习苏联，参照他们的课本编写了一套注重系统性的数学教材，但数学教学内容的深度和广度有所降低。第二次是教育大革命，1958 年那段时间，许多数学家、教育家、大学师生、广大中学教师就中学数学教育的目的和任务、大纲、教材及课程的现代化问题展开了激烈的讨论，提出了很多意见和方案。但总的来说，这些方案要求过高，脱离实际。1961 年开始实行"调整、巩固、充实、提高"的方针，这是第三次变革。当时颁布的数学教学大纲，对数学教学的目的、内容和原则等都作了比较全面的阐述。基于此，人民教育出版社编写的教材，增加了平面解析几何和概率初步，比较适合我国的实际。一般都认为这一时期的中学数学教学质量有了稳步地提高，达到了较高的水平。

第四次变革是数学教育因过于强调联系实际而流于形式，大大削弱了基础知识的教学和基本技能的训练，使我国数学教育质量大幅度下降。第五次是人们普遍重视了数学教育。考虑到教材要合乎现代科学技术的要求，1978 年，教育部颁布的数学教学大纲增加了集合、对应、微积分与概率统计初步等内容，但由于要求过高，后来作了几次局部的调整。怎样使学生由不知变为知，这是数学教育工作者思考得最多的一个问题。随着数学教育的深入发展，人们已经逐渐认识到，这个问题与"学习是怎样发生的""究竟什么是数学""数学教育要追求什么样的目的"及"社会是否重视知识"等问题都有着不可分割的联系。于是，对教学的研究已冲破"某个课题如何讲"的圈圈，在各种数学观、学习观、教育观、社会观的指导下，数学教育出现了许多新的教学方法。现代教学方法已形成以下鲜明的特点：以发展学生的智能为出发点，以调动学生学习的积极性和充分发挥教师主导作用相结合为基本特征，注重对学生学习的研究，重视对学生进行情感教育。

（四）数学教育发展趋势

未来的数学教育会是怎样的呢。初步来看，这好像是在预测未来，但实际上已是迫在眉睫的问题，是每个数学教育工作者都十分关心的问题。1988 年第六届国际数学教育大会就曾把"2000 年的课程"列为一个讨论专题。会上对这个问题进行了广泛的交流，目前结合教育实践的进一步研究还在继续。由于社会文化背景和数学教育发展历史的差异，对于上面这个问题，每个国家所作的回答不尽相同，甚至互相对立。不过，既然处于同一个时代，国际的交往又如此频繁、快捷，从众多的回答中，还是能够找出一些较为共同的看法的。

1.数学为大众

实现普及中等教育，即使在工业发达国家也只不过是近几十年的事。在 20 世纪 50 年代之前，各国的教育基本上仍是西欧工业革命以后的产物。它是为当时一小部分能够接受正规学校教育的人而设计的，因此，根本不适合今天大众教育的形势。虽然 60 年代数学教育进行了改革，但在为所有学生服务方面并无任何改善，相反，对大多数学生的关心反而减少了。

"数学为大众"的英文原文是 "Mathematics for All"，即数学要为所有人，这就是说数学应该为优秀学生、为普通学生、为后进学生。这一思想最早是由荷兰著名的数学家、数学教育家弗赖登塔尔（Freudenthal）提出的。随着数学与其他科学技术之间的相互影响越来越多，随着"机会均等"的口号越喊越响，随着"每个人在给予一定的指导条件下都能学会数学，甚至自己创造数学"的论点不断得到实验的验证，随着联合国教科文组织的文件《数学为大众》在世界各地的传播，这一思想已得到许多国家的赞同。英国的《Cockcroft 报告》强调："中学数学教学的根本目的，是为了满足学生今后在成人生活、就业和进一步学习与培训方面对数学的需要。"美国的《人人有份》报告指出，面对 21 世纪和信息时代的到来，以及受国际竞争的驱使，要实行七个转变，其中第一个转变就是"中学数学的目标应从双重目标（为多数人的数学很少，为少数人的数学很多）转变为单一目标，"为所有学生提供重要的共同的核心数学，"数学为大众"的思想不仅在中学数学教育界引起了积极的反响，大学数学教育界也在研究"作为服务性学科的数学的教学"。由此看来，"数学为大众""数学应该属于所有人""数学是一门服务性学科"的口号正迅速地在世界各地传播，并将极大地推动着数学教育的实践。

2.知识技能与应用均衡发展

数学的知识、技能、应用这三者是互相联系、互为发展基础的。学习某一技能要从学习有关的知识开始，应用要以熟悉有关知识、技能为前提，达到自觉应用境界更要求对有关知识和技能熟练到可以信手拈来。当然，应用也有助于加深对知识和技能的深入了解。因此，从理论上说，知识、技能与应用三方面均衡发展是合理的。而且，数学教育的发展历史也从实践上证明了这一点。

我国曾经把测量一块土地的面积、画一个零件的示意图、配制一桶农药等，作为当时典型的数学教学内容。事实表明，这种脱离扎实的知识和技能基础的应用就好比是无源之水、无本之木，这些教学内容在当时的工农业生产中也许有些用途，但对今天或将来的劳动者来说，是远远不够的。而且，会画零件示意图和操纵计算机进行设计之间，并无多少知识或能力的迁移可言，这种过于特殊的应用训练通常是就事论事式的。20 世纪 60 年代国外的"新数学"运动从另一方面告诫我们：过分注重数学的逻辑结构与演绎体系，而忽视数学的应用也行不通。实践证明，这样做影响了大部分学生学数学的积极性，使很多学生无论就业或升学都有困难，甚至不会运用学到的数学知识去解决哪怕是日常生活中的简单问题。经过 70 年代和 80 年代的调整，许多国家已注意到应均衡发展知识、技能和应用。比如，一贯注重知识、技能训练的日本，在其最新的数学教学大纲中，也强调除了知识和技能之外，还要加上数学的思维培养。大纲编制者认为，数学思维的提高与知识和技能的培养不同，不能单独孤立地学习，要借助问题求解，并将培养数学思维贯穿于数学教育之始终。

3. 加强数学的内在联系和外部联系

在传统的数学教育中，数学被划分成许许多多的学科，每个学科都有其独特的思想方法。例如，代数中有些问题就是要尽量地把式子化简，以达到解方程或不等式的目的；几何中有些证明就是要从已知条件出发，逐渐向求证的结论靠拢。这些做法很难揭示数学知识的内在联系。与此做法截然相反的是"新数学"运动，它追求统一，一切从集合出发，使用现代数学语言，结果使学生在还未理解数学、看到数学的力量之前，就跌入了术语、符号堆，被迫做着自己也不明白怎么回事的运算，结果遭到不少严厉的批评。因此，割裂知识的内在联系，或只是强调数学的内在联系而忽视数学与现实世界的外部联系，均是不可取的。只有同时加强数学的内在联系和外部联系方是理想的出路。

美国最新课程标准很重视数学的这种联系，它指出：这是数学教学中必须强调的一项重大任务。只要学生有了对数学的了解和掌握，就能领会数学是一个有机的整体而不是一堆孤立凌乱的东西；对事物的考察就能从多角度多方面地进行，思路就会更加活跃，解决问题的手法就会更加灵活多样，数学能力就能得到提高。同时，才能加深对数学在科学、文化中的地位和作用的认识，激发对数学学科的兴趣。

4. 新技术进入课堂

自从 20 世纪 40 年代末第一台电子计算机诞生，70 年代第一台袖珍电子计算器问世以来，计算机、计算器等新技术正在越来越快地改变着人们的日常生活和工作，以至于在许多人的观念中，计算机已成了生活和工作现代化的一个表征。1980 年，在第四届国际数学教育大会上，有学者了解到当时各国使用计算器的大致情况是：小学几乎全部教师都拒绝使用计算器；中学教师多数不反对使用，但只是作为计算工具；大学教师和学生则广泛使用。时隔八年，在 1988 年召开的第六届国际数学教育大会上，到处听到技术革命、计算机时代对数学教育产生根本变革的预言，计算机辅助教学的提法似乎已改变为计算机改造数学教育的提法。这一变化是巨大的，究其原因，恐怕与计算机（器）的功能越来越多，而售价却越来越便宜有关。现在的计算机已不再是只会做数字运算的机器，它还能进行式的化简、因式分解、解多元线性方程组、求方程的近似解、求导、求积等代数运算；能在屏幕上模拟汽车风洞等试验；能通过人机对话进行辅助教学。在这种个别化的学习环境中，学生可进行操作与练习、接受个别辅导、向计算机提问、观察计算机所做的模拟实验、在计算机上做寓教于乐的教学游戏等。即便是手掌大小的计算器，在数学教育中也具有极大的潜力。因此，近年来各国采取的已不再是完全摒弃新技术的态度。

当然，就此认为新技术是万能的也不合适。比如，计算器能代替计算，协助探索，但不能代替理解。如果学生不先认真用纸和笔做许多练习，就不能真正理解所学的知识，对计算器给出的答案也不会评判其合理性。因此，使用新技术还有一个"度"的问题。学习材料一般可以分成两类：实质性材料和非实质性材料。学习前者不能完全依赖计算机（器），而对后者，因为它们只是理解实质性材料所必需的工具，所以可以依赖计算机（器）。这就好比我们不允许一年级的小学生用计算器做加减法，而允许大学生使用一样，这既不会妨碍学生对实质性材料的深入理解，又不会使学生不恰当地把注意力集中在非实质性材料上。以上阐述了数学教育发展的趋势。但必须指出的是，由于每个国家的经济基础、社会文化不同，所以各个时期发展的侧重点也会不同。不过，对数学教育的本质，在认识上应该是一致的。数学教育本质上依赖于教育者对数学教育价值的深刻理解与认识。从教育的角度来看，可以把数学看作为解决实际问题而提供的知识和技巧的一种实用的实体，如果这样来认识数学的教育价值，那么数学教育所依赖的仅是它的教学职能，这时数学教育只需要将组成数学这个实体的知识和技能传授给学生以满足社会需要。然而，如果把数学作为描述客观现象（自然的或社会的）的思维和语言模型的一种主要工具来理解，那么在数学知识、技能的背后却蕴含着数学精神的、思想的和方法的无穷无尽的源泉，从而迸发出数学科学的巨大的文化教育价值。数学思维变成一种按一定逻辑步骤进行的经济性思维，数学方法便成为各门科学数学化普遍使用的方法。因此，科学工作者乃至一般普通公民，需要数学教育提供的不仅仅是一定的数学知识，而更需要的是数学的研究精神。数学发明、发现的思想方法，数学思维和数学能力的训练，而这种数学精神、数学思想、数学方法、训练数学思维和数学能力的培养，充满了整个初等数学和高等数学，存在于各种数学教材之中。因此，数学教育的本质在于，通过数学教育把这些价值体现出来，使之充分发挥数学科学的教育职能。

从上面的分析，我们不难看出，由于对数学科学的教育价值存在着不同的理解与认识，就会产生有着不同出发点的数学教育。一种是着重发挥数学教育的教学职能，着重数学知识的传授，把数学教育理解为研究数学教学任务、内容、方法和形式的科学。这种数学教育对学生和教师来说，目标都是很有限的，即仅仅满足于获得大纲和教科书所规定的知识和技巧以及在某些特定条件下运用这些知识和技巧的能力。数学教育的许多方面如创造性思维能力的训练等，在教材和平时训练中很少有所体现，在考试中也不测试这些方面；另一种数学教育注重发挥数学科学的教育职能，在传播数学知识的同时，注重数学精神、数学思想、数学方法、数学思维和数学能力的训练与提高。这两种数学教育虽然有一定的联系，但应当看到，它们之间却有着本质的区别。哲学家指出："即使是学生把教给他的所有知识都忘记了，但还能使他获得受用终身的东西的那种教育才是最高最好的教育。"显然这里所说的：最高最好的教育绝不是指以单纯传授知识为主的传统教育，受用终身的东西也绝不仅仅是指知识。由此可见，单纯的知识传授不能算最高最好的教育。正如爱因斯坦所指出的发展独立思考和独立判断的一般能力，应当始终放在首位，而不应当把获得专业知识放在首位。

数学教育过程是教师、学生、教材、手段、环境等相互作用与相互适应，从而把知识、能力、思维转化为适合学生特点的认识过程。其目的是达到发展和创造。数学教学法的奠基人裴斯泰洛齐指出，教育的目的在于发展人的一切天赋力量和能力，认为这种发展是全面发展、和谐发展。按我们的理解，这种全面发展、和谐发展，对数学教育来说，是指通过数学教育使学生在知识教养、情意教育、智能发展和数学美育等多方面的发展。他还认为最重要的是"应该鼓励人们自己去学习并且允许他们自由发展"，"我们必须从生活本身去寻找发展思考能力的手段。"鼓励、促进和加强这个发展，永远是教育的目的。他还认为他的教育思想"适用于道德和智力，这个思想从开始就鼓励儿童的活动；它引导儿童产生真正是他自己的成果，它同时让他不去盲目抄袭别人而提高自己的能力和意志"。正因为这些教育原则还在普遍地被忽视，因此，我们看到有这么多人完全缺乏技能、爱好或创造力。数学教育的重点应当改变，也就是说，从大纲、内容到方法以及新的课堂环境都需要在广泛的意义下，为培养、发展学生的创造力服务。创造性应该成为数学教育的灵魂。著名数学教育家波利亚指出：什么是数学技能呢？数学技能就是解题能力，不仅能解决一般的问题，而且能解决需要某种程度的独立思考、判断力、独创性和想象力的问题。现代数学教育最关心的是改善教师，整个教育中，教师的工作是教育，而不仅仅是讲课；数学教育的首要目标是通过数学教育使学生获得发展和创造。

传统教学不是这种创造型或发展型数学教育的最好途径，数学教育的根本途径是为学生获得发展和创造准备一个适宜的环境。我们强调的这种探索型或发展型的数学教育与作为职业或日常生活提供数学技巧或数学工具的教学型数学教育，虽然有着明显的区别，但它们又有着统一性的一面，实际上它们是相互联系的又是相互补充的。我们坚持的正是这样一种数学教育，它刻画了数学教育这一概念的科学本质，奠定了本学科所阐述的数学教育学体系的理论基础。

第二节　思维能力培养概念解读

现代教育观点认为，数学教学是数学活动的教学，即思维活动的教学。如何在数学教学中培养学生的思维能力，养成良好地思维品质是教学改革的一个重要课题。孔子说："学而不思则罔，思而不学则殆。"在数学学习中要使学生思维活跃，就要教会学生分析问题的基本方法，这样有利于培养学生的正确思维方式。要学生善于思维，必须重视基础知识和基本技能的学习，没有扎实的双基，思维能力是得不到提高的。

数学思维能力培养一般包括：

1. 找准数学思维能力培养的突破口

心理学家认为，培养学生的数学思维品质是培养和发展数学能力的突破口。思维品质包括思维的深刻性、敏捷性、灵活性、批判性和创造性，它们反映了思维的不同方面的特征，因此在教学过程中应该有不同的培养手段。思维的深刻性既是数学的性质决定了数学教学既要以学生为基础，又要培养学生的思维深刻性。数学思维的深刻性品质的差异集中体现了学生数学能力的差异，教学中培养学生数学思维的深刻性，实际上就是培养学生的数学能力。数学教学中应当教育学生学会透过现象看本质，学会全面地思考问题，养成追根究底的习惯。数学思维的敏捷性主要反映了正确前提下的速度问题。因此，在数学教学中，一方面可以考虑训练学生的运算速度，另一方面要尽量使学生掌握数学概念、原理的本质，提高所掌握的数学知识的抽象程度。因为所掌握的知识越本质、抽象程度越高，其适应的范围就越广泛，检索的速度也就越快。此外，运算速度不仅仅是对数学知识理解程度的差异，而且还有运算习惯以及思维概括能力的差异。因此，在数学教学中，应当时刻向学生提出速度方面的要求，使学生掌握速算的要领。为了培养学生的思维灵活性，应当增强数学教学的变化性，为学生提供思维的广泛联想空间，使学生在面临问题时能够从多种角度进行考虑，并迅速地建立起自己的思路，真正做到"举一反三。"而教学实践表明，变式教学对于培养学生思维的灵活性有很大作用。"如在概念教学中，使学生用等值语言叙述概念，数学公式教学中，要求学生掌握公式的各种变形等，都有利于培养思维的灵活性。

创造性思维品质的培养，首先应当使学生融会贯通地学习知识，养成独立思考的习惯。在独立思考的基础上，还要启发学生积极思考，使学生多思善问。能够提出高质量的问题是创新的开始。数学教学中应当鼓励学生提出不同看法，并引导学生积极思考和自我鉴别。新的课程标准和教材为我们培养学生的创造性思维开辟了广阔的空间。批判性思维品质的培养，可以把重点放在引导学生检查和调节自己的思维活动过程上。要引导学生剖析自己发现和解决问题的过程；学习中运用了哪些基本的思考方法、技能和技巧，它们的合理性如何，效果如何，有没有更好的方法；学习中走过哪些弯路，犯过哪些错误，原因何在。

2.教会学生思维的方法

要学生善于思维，必须重视基础知识和基本技能的学习，没有扎实的双基，思维能力是得不到提高的。数学概念、定理是推理论证和运算的基础，准确地理解概念、定理是学好数学的前提。在教学过程中要提高学生观察分析、由表及里、由此及彼的认识能力。数学概念、定理是推理论证和运算的基础。在例题课中要把解（证）题思路的发现过程作为重要的教学环节，不仅要学生知道该怎样做，还要让学生知道为什么要这样做，是什么促使你这样做、这样想的；在数学练习中，要认真审题，细致观察，对解题起关键作用的隐含条件要有挖掘的能力，会运用综合法和分析法，并在解（证）题过程中尽量要学会用数学语言、数学符号进行表达。此外，还应加强分析、综合、类比等方法的训练，提高学生的逻辑思维能力；加强逆向应用公式和逆向思考的训练，提高逆向思维能力；通过解题错、漏的剖析，提高辨识思维能力；通过一题多解（证）的训练，提高发散思维能力等。

3. 善于调动学生内在的思维能力

一要培养兴趣，让学生迸发思维。教师要精心设计，使每节课形象、生动，并有意创造动人情境，设置思考的悬念，激发学生思维的火花和求知的欲望，还要经常指导学生运用已学的数学知识和方法解释自己所熟悉的实际问题。二要分散难点，让学生乐于思维。对于较难的问题或教学内容，教师应根据学生的实际情况，适当分解，减缓坡度，分散难点，创造条件让学生乐于思维。三要鼓励创新，让学生独立思维。鼓励学生从不同的角度去观察问题、分析问题，养成良好的思维习惯和品质，鼓励学生敢于发表不同的见解，多赞扬、多肯定，促进学生思维的广阔性发展。当然，良好的思维品质不是一朝一夕就能养成的，但只要根据学生实际情况，通过各种手段，坚持不懈，持之以恒，就必定会有所成效。

第二章 高等数学教学与数学能力

第一节 高等数学教学能力培养

一、数学能力的概念与结构

（一）数学能力的概念

1. 能力

尽管我们在日常教学工作中经常说到"能力"，但究竟什么是能力，至今没有统一的定义。

根据上述观点，我们理解能力概念时应注意以下三点：

①能力是一个人的个性心理特征，是个体在认识世界和了解世界的过程中，所表现出来的心理活动的恒定性。

②能力与活动关系密切。具体表现为以下几方面。其一，活动是能力产生和发展的源泉。人一生下来并不存在心理，也就不存在什么心理特性。只有通过后天的实践活动，才会产生相应的心理活动，从而逐渐形成特性，即能力。其二，能力的形成对活动的进程及方式直接起调节、控制作用。这一点把能力与个体的性格区别开来。性格也是个体的一种心理特性，但性格的作用在于制约个体活动的倾向，对活动的进程及方式并无直接的调节、支配作用。其三，能力只有在活动过程中才能体现出来，离开了活动就不能对能力进行考察与测定。一个人如果在实践中取得了成功，达到了预期的效果，这就证实了这个人具有了进行某种活动的能力。

③能力是一种稳固的心理特性。也就是说，能力对活动进程及方式所发挥的调节、控制作用还具有一贯的、经常性的、稳定的特性。一个人一旦形成某种能力，他便能在相应的活动中表现出来，并能持久地发挥作用。

综上所述，我们可以这样界定能力的意义：能力是一种保证人们成功地完成某种任务或进行某种活动的稳固的心理品质的综合。

2. 数学能力

数学能力是顺利完成数学活动所具备的而且直接影响其活动效率的一种个性心理特征。它是在数学活动中形成和发展起来的，是在这类活动中表现出来的比较稳定的心理特征。

数学能力按数学活动水平可分为两种：一种是学习数学（再现性）的数学能力；另一种是研究数学（创造性）的数学能力。前者指在数学学习过程中，迅速而成功地掌握知识和技能的能力，是后者的初级阶段也是后者的一种表现，它主要存在于普通学生的数学学习活动中，而后者指数学科学活动中的能力，这种能力产生具有社会价值的新成果或新成就，它主要存在于数学家的数学活动中。在学生的数学学习活动中，往往会重新发现人们已经熟知的某些数学知识的过程。

从发展的眼光来看，数学家的创造能力也正是从他在数学学习中的这种重新发现和解决数学问题的活动中逐步形成和发展起来的。所以，在我们的数学教学中通常所说的数学能力，包括学习数学的能力和这种初步的创造能力，并且这种创造能力的培养，在数学教学中已越来越引起人们的重视。因此在中学数学教学中不能把两种数学能力截然分开，而应用联系和发展的眼光看待它们，应该综合地、有层次地进行培养。本章所讲述的数学能力也是指这种学习数学的数学能力。

3. 数学能力与数学知识、技能的关系

（1）智力与能力的关系

智力与能力都是成功地解决某种问题（或完成任务）所表现出来的个性心理特征。把智力与能力理解为个性的东西，说明其实质是个体的差异。我们通常所说的能力有大小，指的就是这种个体差异。而智力的通俗解释就是阐明"聪明"与"愚笨"。智力与能力的高低首先要看解决问题的水平。这也是学校教育为什么要培养学生分析问题和解决问题能力的所在。智力与能力所表现的良好适应性，出自能力的任务，即主动积极地适应，使个体与环境取得协调，达到认识世界、改造世界的目的。智力与能力的本质就是适应，使个体与环境取得平衡。

智力与能力是有一定区别的。智力偏于认识，它着重解决知与不知的问题，它是保证有效地认识客观事物的稳固的心理特征的综合；能力偏于活动，它着重解决会与不会的问题，它是保证顺利地进行实际活动的稳固的心理特征的综合。不过，认识和活动总是统一的，认识离不开一定的活动基础，活动又必须有认识参与。所以智力与能力的关系是一种互相制约、互为前提的交叉关系。

（2）数学能力与数学知识、技能的关系

数学能力与数学知识、数学技能之间是相互联系又相互区别的。总的概括来说，数学知识是数学经验的概括，是个体心理内容；数学技能是一系列关于数学活动的行为方式的概括，是个体操作技术；数学能力是对数学思想材料进行加工的活动过程的概括，是个性心理特征数学技能以数学知识的学习为前提，在数学知识的学习和应用过程中。

数学技能的形成可以看成是深刻掌握数学知识的一个标志。作为个体心理特性的能力，是对活动的进行起稳定调节作用的个体经验，是一种类化了的经验，而经验的来源有两方面，一是知识习得过程中获得的认知经验；二是技能形成过程中获得的动作经验。而且，能力作为一种稳定的心理结构，要对活动进行有效的调节和控制，必须以知识和技能的高水平掌握为前提，理想状态是技能的自动化。

能力心理结构的形成依赖于已经掌握的知识和技能的进一步地概括化和系统化，它是在实践的基础上，通过已掌握的知识、技能的广泛迁移，在迁移的过程中，通过同化和顺应把已有的知识、技能整合为结构功能完善的心理结构而实现的。

4.影响能力形成与发展的因素

研究影响能力形成与发展的因素，可以回答个体的智力与能力在多大程度上可以得到改变，改变的可能性有多大等问题。这些问题的讨论有助于树立关于中学生数学能力培养的正确观念。一般说来，影响能力形成与发展的因素不外乎遗传、环境与教育。它们对能力发展的作用究竟如何，心理学家们对此进行了长期而深入细致的研究，主要结论如下：

（1）遗传是能力产生、发展的前提

良好的遗传因素和生理发育，是能力发展的物质基础和自然前提。不具有这个前提能力的培养与发展便成为无本之木、无源之水。遗传对能力发展的作用体现为以下两个方面：

①遗传因素是影响智力或能力发展的必要条件，但不是充分条件。研究表明：人与人之间的血缘关系愈近，智能的相关程度愈高。同生子的遗传相同，他们之间智力相关最高，这显示遗传是决定智能高低的重要因素，但绝不是决定因素。

②遗传因素决定了智能发展的可能达到的最大范围。阴国恩把遗传因素决定的智能发展可能达到的范围形象地比喻为"智力水杯"。即相当于智力潜力，它制约着儿童智力开发的最大限度。但实际上装了多少"水汽"还取决于后天的生活经验与环境教育，即后天的环境教育及活动经验决定了智力或能力发展的实际水平。

（2）环境与教育是智力或能力发展的决定因素

智力或能力的产生与发展，是由人们所处的社会的文化、物质环境以及良好的教育所决定的，其中教育起着主导作用。遗传因素为智力或能力的发展提供了生物前提和物质基础，确定了发展的最大上限。而丰富的文化、物质环境和良好的教育等环境刺激则把这种可能性变为现实。

环境刺激对智力或能力发展所起的决定作用，主要体现于决定了智能发展的速度、水平、类型、智力品质等方面，决定了智能开发的具体程度。一般情况下，绝大多数学生都具有发展的潜能，但能否得到充分的发展，则取决于学校、家长、社会能否为他们提供丰富的、良好的刺激环境。

尽管环境与教育是能力发展的决定因素，但一个人能否利用这些外部因素来充分开发自己的潜能，还必须取决于他的主观努力程度和意识能力水平等非智力因素，许许多多在逆境中努力奋发最后取得成功者证实了这一点。这说明，尽管智力、能力属于认识活动的范畴，但能力的发展与培养不能忽视非智力因素的作用。

（二）数学能力的成分与结构

对数学能力的认识是一种发展的过程。首先，数学学科本身在发展，这种发展改变人们的数学观使人们对数学本质有更深刻的理解，从而导致人们对数学能力含义的理解发生变化。现代数学的理论与思想对传统数学带来巨大冲击，这些新的理论和思想渗透在数学教育中，使数学教学内容的重心转移，数学能力成分及结构也随之解构与重建。其次，社会的进步科学的发展使数学教学目标不断有新的定位，这必然导致对数学能力因素关注焦点的改变。最后，随着心理学研究理论的不断深入，研究方法的不断创新，对数学能力的因素及结构有着不同角度的审视。

1. 数学能力成分结构概述

传统的看法，学生的数学能力包括运算能力、逻辑思维能力和空间想象能力，后来对这种提法作了拓展，即运算能力、思维能力、空间想象能力以及分析问题和解决实际问题的能力。新中国成立以来，我国数学教学大纲、数学课程标准的提法基本上是上述观点，国内众多的学者也是持这种观点。总的来说，这样划分数学能力因素在一定程度上体现了数学能力的特殊性，一方面对我国的数学教育尤其是培养学生的数学能力起了很大的作用。但另一方面，可以看出这种划分显得过于笼统和不确切。

（1）克鲁捷茨基对数学能力结构的研究

对国内学生数学能力结构研究产生重要影响的是苏联教育心理学家克鲁捷茨基的工作。他通过对各类学生的广泛实验调查，系统地研究了数学能力的性质和结构，他认为，学生解答数学题时的心理活动包括以下三个阶段：①搜集解题所需的信息；②对信息进行加工，获得一个答案；③把有关这个答案的信息保持下来。与此相适应克鲁捷茨基提出数学能力成分的假设模式，列举教学能力的九个成分：①能使数学材料形式化，并用形式的结构，即关系和联系的结构来进行运算的能力；②能概括数学材料，并能从外表上不同的方面去发现共同点的能力；③能用数学和其他符号进行运算的能力；④能进行有顺序的严格分段的逻辑推理能力；⑤能用简缩的思维结构进行思维的能力；⑥思维的机动灵活性，即从一种心理运算过渡到另一种心理运算的能力；⑦能逆转心理过程，从顺向的思维系列过渡到逆向思维系列的能力；⑧数学记忆力。关于抽象化、形式化结构和逻辑模式的记忆力；⑨能形成空间概念的能力。克鲁捷茨基注重分析思维过程。

（2）卡洛尔对数学能力的研究

卡洛尔采用探索性因素分析、验证性因素分析以及项目反应理论对数学能力进行了研究，得出了认知能力的两层理论。其中，第一层100多种能力。第二层包括流体智力、晶体智力、一般记忆和学习、视觉、听觉、恢复能力、认知速度、加工速度。卡洛尔还研究过各种能力与数学思维的关系以及能力与现实世界中的实际表现之间的关系等等。

（3）林崇德对学生数学能力结构的研究

我国林崇德教授主持的"学生能力发展与培养"实验研究，从思维品质入手，对数学能力结构作了如下描述：数学能力是以概括为基础，将运算能力、空间想象能力、逻辑思维能力与思维的深刻性、灵活性、独创性、批判性、敏捷性所组成的开放的动态系统结构。他以数学学科传统的"三大能力"为一个维度，以五种数学思维品质（思维的深刻性、灵活性、独创性、批判性、敏捷性）为一个维度，构架出一个以"三大能力"为"经"，以五种思维品质为"纬"的数学能力结构系统。

另外林崇德教授还对 15 个交叉点做了细致的刻画。比如，逻辑思维能力与思维的独创性的交汇点，其内涵是：①表现在概括过程中，善于发现矛盾，提出猜想给予论证；善于按自己喜爱的方式进行归纳，具有较强的类比推理能力与意识；②表现在理解过程中，善于模拟和联想，善于提出补充意见和不同的看法，并阐述理由或依据；③表现在运用过程中，分析思路、技巧运用独特新颖，善于编制机械模仿性习题；④表现在推理效果上，新颖、反思与重新建构能力墙。

（4）李镜流等对数学能力结构的研究

李镜流在《教育心理学新论》一书中表述的观点为：数学能力是由认知、操作、策略构成的。认知包括对数的概念、符号、图形、数量关系以及空间关系的认识；操作包括对解题思路、解题程序和表达以及逆运算的操作；策略包括解题直觉、解题方式及方法、速度及准确性、创造性、自我检查、评定等。郑君文涨恩华所著的《数学学习论》写道："数学能力由运算能力、空间想象力、数学观察能力、数学记忆能力和数学思维能力五种子成分构成。"张士充从认识过程角度出发，提出数学能力四组八种能力成分，即观察、注意能力，记忆、理解能力，想象、探究能力，对策、实施能力。

2. 我国数学教育关于数学能力观的变化

1963 年，《全日制中学数学教学大纲（草案）》指出"三大能力"的教学理念是我国数学教学观念的重大发展。从 1960 年开始，"双基"和"三大能力"一直成为我国数学教学的基本要求。

1978 年、1982 年、1986 年、1990 年和 1996 年的中学数学教学大纲中关于能力的要求方面，进一步注意到解决实际问题的能力，因此在以上"双基"和"三大能力"之外，又提出了"逐步形成运用数学知识来分析和解决实际问题的能力。1996 年的中学数学教学大纲，将"逻辑思维能力"改成"思维能力"，理由是数学思维不仅是逻辑思维，还包括归纳、猜想等非逻辑思维。1997 年以后，创新教育的口号极大地促进了数学能力的研究，于是 2000 年的中学数学教学大纲关于能力的要求，在上述基础上又增加了创新意识的培养。

进入 21 世纪，由于数学教育的需要，我国在《标准 1》和《标准 2》中提出了数学教学的许多新理念突破了原有"三大能力"的界限，提出了新的数学能力观，包括提高抽象概括、空间想象、推理论证、运算求解、数据处理等基本能力，在以上基本能力基础上，注重培养学生数学地提出问题、分析问题和解决问题的能力，发展学生的创新意识和应用意识。提高学生的数学探究能力。数学建模能力和数学交流能力，进一步发展学生的数学实践能力。

3. 确定数学能力成分的标准

对于确定数学能力成分的研究必须遵循一定的原则和标准，这样才能保证所做的研究是合理、有效的。

①数学能力成分的确定应当满足成分因素的相对完备性。所谓完备性，指数学能力结构中应包括所有的数学能力成分。但事实上要达到绝对的完善是难以做到，甚至是不可能

的，作为对数学能力的理论研究，应尽量追求对象的完备性，而从教育的角度看，追求数学能力的绝对完备却没有实在意义。确定作为培养和发展学生的数学能力因素，要根据社会发展对培养目标提出的要求，研究哪一些数学能力成分对于培养未来公民所必备的数学素质是必不可少的因素，哪一些数学能力因素具有某种程度的迁移作用，即能促进学生综合能力的发展。

②数学能力成分的确定要有明确的目标性。这有两层含义，一是指所确定的能力因素确实可以在教学中实施，而且能够达到预期的目的，即能力因素具有可行性。譬如，把"数学研究能力"作为培养中学生数学能力的一个能力要素，就不具有可行性。二是指对每种数学能力成分应有比较具体可行的评价指标，因为数学能力存在着个性差异。同一种数学能力因素会在不同的学生中表现明显的水平差异，因此要制定一个统一的标准，去衡量学生是否已具备了某种数学能力，是否达到了数学能力发展的目标。

③数学能力成分应满足相对的独立性。即各种能力因素符合在一定意义下的独立与完备性相同，独立性是相对的。在确定数学能力成分时，应考虑各种能力因素的外延，尽量缩小外延相交的公共部分，避免出现两个因子的外延有相互包含的关系，使数学能力成分满足相对的独立性。否则，所确定的数学能力结构从理论上讲是不准确的，在实践中也会造成目标模糊而不便实施。

4. 数学能力的成分结构

数学能力是在数学活动过程中形成和发展起来。并通过该类活动表现出来的一种极为稳定的心理特征。研究数学能力也应从数学活动的主体、客体及主客体交互作用方式三个方面进行全方位考察。就数学活动而言，对活动主体的考查主要立足于对主体认知特点的考察，对客体的考察则主要是对数学学科特点的考查，至于主客体交互作用方式则突出表现为主体的数学思维活动方式。

数学活动包含以下心理过程：知觉、注意、记忆、想象、思维。因而，在数学活动中形成和发展起来的数学观察力、注意力、记忆力、想象力、思维力也就必然构成数学能力的基本成分。就数学学科特点、主体数学思维活动特点来分析，数学能力指用数字和符号进行运算，对运算能力、空间想象能力，包括逻辑推理与合情推理等、数学思维能力以及在此基础上形成的数学问题解决能力。

数学观察力、注意力、记忆力是主体从事数学活动的必然心理成分，因此是数学能力的必要成分，称为数学一般能力。而运算求解能力、抽象概括能力、推理论证能力、空间想象能力、数据处理能力则体现了数学学科的特点是主体从事数学活动而非其他活动所表现出来的特殊能力，称为数学特殊能力。数学一般能力和数学特殊能力共同构成数学能力的基础，同时二者又是构成数学实践能力这一更高层次的数学能力的基础。数学实践能力包括学生数学提出问题、分析问题和解决问题的能力，应用意识和创新意识能力，数学探究能力，数学建模能力和数学交流能力、对学生的可持续发展和终身学习的要求来看，数学发展能力应包括独立获取数学知识的能力和数学创新能力。培养学生数学发展能力是数学教育的最高目标，也是知识经济时代知识更新周期日益缩短对人才培养的要求。

二、空间想象能力及其培养

（一）表象和想象

1. 表象

空间想象与表象有关。认知心理学认为，表象与知觉有许多共同之处，它们均为具体事物的直观反映，是客观世界真实事物的类似物。两者的区别在于，知觉是对直接作用于感觉器官的对象或现象进行加工的过程，知觉依赖于当前的信息输入。当知觉对象不直接作用于感官时，人们依然可以对视觉信息和空间信息进行加工，这就是心理表象。即表象不依赖于当前的直接刺激，没有相应的信息输入，其依赖于已贮存于记忆中的信息和相应的加工过程，是在无外部刺激的情况下产生的关于真实事物的抽象的类似物的心理表征。

作为不直接作用于感官的真实事物的现象的类似物，表象与感知相比，具有不太稳定、不太清晰的特点：由于表象具有不太稳定、不太清晰的特性，所以，当人们需要从表象中获取更多的信息时，常根据表象画出相应的图形，以便于进一步加工。图形是人们根据感知或头脑中的表象画出的，是展现在二维平面上的一种视觉符号语言，是对客观事物的形状、位置、大小关系的抽象。

2. 想象

想象是在客观事物的影响下，在语言的调节下，对头脑中已有的表象经过结合、改造与创新而产生新表象的心理过程，因此，想象又称为想象表象。

（二）空间想象能力结构

综合已有研究成果，结合数学学习的特点，考虑到空间想象能力的层次性，我们将空间想象能力分为如下四个基本成分：

1. 空间观念

数学教育课程标准对教育阶段学生应该具有的空间观念规定如下：

①能够由实物的形状想象出几何图形，由几何图形想象出实物的形状，进行几何体与其视图、展开图之间的转换，能根据条件做出立体模型或画出图形。

②能描述实物或几何图形的运动和变化，能采用适当的方式描述物体之间的位置关系。

③能从较复杂的图形中分解出基本的图形，并能分析其中的基本元素及其关系。

④能运用图形形象地描述问题，利用直观来进行思考。

2. 建构几何表象的能力

在语言或图形的刺激下，在头脑中形成表象，或者在头脑中重新建构几何表象的能力称为建构几何表象的能力。这种建立表象的过程必须以空间观念为基础，必须在语言指导下进行，图形刺激仅起到辅助作用。

三、数学能力的培养

（一）培养数学能力的基本原则

数学能力培养需要满足如下五项原则：

1. 启发原则

教师通过设问、提示等方式，为学生创造独立解决问题的情境、条件，激励学生积极参与解决问题的思维活动，参与思维为其核心。

2. 主从原则

教学要根据教材特点，确定每一章、每一节课应重点培养的一至三项数学能力。可以依据数学能力与教材内容、数学活动的关联特点去确定每章和每节课应重点培养的数学能力。

3. 循序原则

循序原则的实质，在于充分认识能力的培养与发展是一个渐进、有序的积累过程，是由初级水平向高级水平逐步提高的过程所以若简单的认知能力不具备，也就不可能形成和发展高一级的操作能力，乃至复杂的策略运用能力。

4. 差异原则

教学要根据学生的不同素质和现有能力水平，对学生提出不同的能力要求，采取不同的方法和措施进行培养，即因材施教。教师应及时了解教学效果，随时调整教学。

5. 情意原则

在教学过程中，建立良好的师生情感，培养学生良好的学习品质，是能力培养不可忽视的原则。

（1）要认识到每一个正常的学生都具有学好数学的基本素质

人所具有的能力是在先天生理素质的基础上，通过社会活动，系统教育科学地训练逐渐形成和发展起来的，其中生理素质是能力形成和发展的先决条件和物质基础。学生能否真正学好数学，还要在于教师能否采用有效手段去激发学生的兴趣和求知欲望，充分发挥他们的潜能作用，发展他们的能力。

（2）教师必须正视学生数学能力的差异

学生的数学能力表现出明显的个体差异。教师对学生的数学能力必须给予正确的评估。

（3）采取措施让学生积极地参与数学活动，主动地探索知识

数学能力的培养要在数学活动中进行，这就要求教师在数学教学中必须强调数学活动的过程教学，展示知识发生、发展的背景，让学生在这种背景中产生认知冲突、激发求知、探究的内在动机；不要过早地呈现结论，以确保学生真正参与探索、发现的过程；正确地处理教材中的"简约"形式，适当地再现数学家思维活动的过程，并根据学生的思维特点

和水平，精心设计教学过程，让学生看到数学思维过程；注意暴露和研究学生的思维过程，及时引导、启迪、发现错误，及时纠正，并帮助总结思维规律和方法，使学生的思维逐渐发展。

（4）数学能力培养的目标观

教师应该依据教学内容制定数学能力培养的具体目标，把能力培养作为数学教学任务来要求。那种学生数学能力"自然形成观"对培养学生的数学能力是极不利的。

（5）数学能力培养的策略观

数学能力培养既有一般规律，又有特殊规律，是一个系统工程，要有一定的战略战术，要讲究策略，要有具体明确的培养计划。

（6）全面、准确地认识数学能力结构，充分发挥模式能力的桥梁作用，促进学生数学能力的全面发展，教师要全面、准确地认识学生数学能力结构。一方面要全面认识、准确理解学生数学能力的成分。另一方面要正确认识这些能力成分之间的关系在教学中要充分发挥模式能力的桥梁作用，使得各个成分之间互相联系。

（7）精确加工与模糊加工相结合

数学是一门具有高度的抽象性、严密的逻辑性的科学。现代数学知识体系的特征为精确、定量。然而除了精算能力之外，发展学生的估计能力对于提高学生的问题解决能力也是非常重要的，二者不可互相代替。

（8）形式化与非形式化相结合

形式化是数学的固有特点，也是理性思维的重要组成部分，学会将实际问题形式化是学生需要学习和掌握的基本数学素质，但不应因此而忽视了合情推理能力的培养。从抽象到抽象，从形式到形式的一系列客观数学事实，使学生无法理解数学与现实世界的联系，无法激发学生的数学学习兴趣。

（二）数学能力的培养策略

数学能力的培养主要是在课堂教学中进行的。根据具体的教学内容，确定具体的教学目标明确培养何种数学能力要素，并通过有效的教学手段去实现教学目标。

1.能力的综合培养

对数学能力结构进行定性与定量分析后，提出了数学思维能力培养策略。

①各种能力因素的培养应在相应的思维活动中进行。数学思维能力及各构成因素是在数学思维活动中形成和发展的，所以，有必要开发好的数学思维活动。数学思维活动可以看作是按下述模式进行的思维活动：

经验材料的数学组织化，即借助于观察实验、归纳、类比、概括积累事实材料。

数学材料的逻辑组织化，即由积累的材料中抽象出原始概念和公理体系并在这些概念和体系的基础上演绎地建立理论。

②能力因素的培养要有专门的训练。教学过程中应设计一些侧重某一能力因素的训练题目。能力的培养需要一定的练习，但不是盲目做题。

③教学的不同阶段应有不同的侧重点。每一知识块的教学都可分为入门阶段和后继阶段。在入门阶段，新知识的引入要基于最基本、最本原、最一般与原有知识联系最紧密的材料上使学生易于过渡到新的领域。要尽早渗透新的数学思想方法，使学生思维能有一般性的分析方法和思考原则。后继阶段是思维得以训练的好时期。由于有了入门阶段建立起的思维框架，学生的思维空间得到拓展，各项思维能力因素都应得到训练。

④注意学生的思维水平。

2.特殊数学能力要素的培养策略

许多研究是围绕某些特殊的能力要素的培养展开的。

（1）运算能力的培养

运算能力是在实际运算中形成和发展，并在运算中得到表现这种表现有两个方面一是正确性；二是迅速性。正确是迅速的前提，没有正确的运算，迅速就没有实际内容，在确保正确的前提下，迅速才能反映运算的效率。运算能力的迅速性表现为准确、合理、简洁地选用最优的运算途径。培养学生的运算能力必须做好以下几个方面：

①牢固地掌握概念、公式、法则。数学的概念、公式、法则是数学运算的依据。数学运算的实质，就是根据有关的运算定义，利用公式、法则从已知数据及算式推导出结果。在这个推理过程中，如果学生把概念、公式、法则遗忘或混淆不清，必然影响结果的正确性。

②掌握运算层次、技巧，培养迅速运算的能力。数学运算能力结构具有层次性的特点。从有限运算进入无限运算，在认识上确实是一次质的飞跃，过去对曲边梯形的面积计算这个让人感到十分困惑不解的问题，现在能辩证地去理解它了。这说明辩证法又进入运算领域。简单低级的没有过关，要发展到复杂高级的运算就困难重重，再进入无理式的运算，那情况就会更糟，甚至不能进行。

在每个层次中，还要注意运算程序的合理性。运算大多是有一定模式可循的。然而由于运算中选择的概念、公式、方法的不同往往繁简各异。由于运算方案不同，应从合理上下功夫，所以教学中要善于发现和及时总结这些带有规律性的东西，抓住规律，对学生进行严格的训练，使学生掌握这些规律，自然而然提高运算速度。

如果数学运算只抓住了一般的运算规律还是不够的。必须进一步地形成熟练的技能技巧因为在运算中概念、公式、法则的应用，对象十分复杂，没有熟练的技能技巧，常常出现意想不到的麻烦。

此外，应要求学生掌握口算能力。运算过程的实质是推理。推理是从一个或几个已有的判断，做出一个新的判断的思维过程。运算的灵活性具体反映思维的灵活性，善于迅速地引起联想，善于自我调节，迅速及时地调整原有的思维过程。一些学生之所以在运算时采用较为繁琐的方法，主要是因为他们思考问题不灵活，不能随机应变，习惯于旧的套路，不善于根据实际问题的条件和结论来思考。

（2）逻辑思维能力的培养

①重视数学概念教学，正确理解数学概念。在数学教学中要定义新的概念。必须明确以下定义的规则，例如"平角的一半叫直角"的定义中，平角是直角最邻近种概念，"一半"则是类差。所以在定义数学概念时，若用"种概念加类差"而定义，必须找出该概念的最邻近种概念和类差，启发学生深刻理解。也不至于在推理论证上由于对概念理解不全面而导致论证失败。

②要重视逻辑初步知识的教学。学生掌握基本的逻辑方法。传统的数学教学通过大量的解题训练来培养逻辑思维能力，除一部分尖子学生外，这对多数学生来说，收获是不大的。

③通过解题训练，培养学生的逻辑思维能力。通过解题，加强逻辑思维训练，培养思维的严谨性，提高分析推理能力。要注意解题训练要有一个科学的系列，不能搞"题海战术"。

要让学生熟悉演绎推理的基本模式——演绎三段论（大前提 - 小前提 - 结论）。由于演绎三段论是分析推理的基础，在教学中，就可以进行这方面的训练。在教授数式的运算时，要求步步有据，教师在讲解例题时要示范批注理由。

在平面几何的学习中，要训练学生语言表达的准确性，严格按照三段论式进行基本的推理训练，并逐步过渡到通常使用的省略三段论式。经过这样的推理训练学生在进行复杂的推理论证时，才能保持严谨的演绎思维，不致发生思维混乱。

（3）空间想象能力的培养

①适当地运用模型是培养空间想象力的前提。感性材料是空间想象力形成和发展的基础，通过对教具与实物模型的观察、分析，使学生在头脑中形成空间图形的整体形象及实际位置关系，进而才能抽象为空间的几何图形。

②准确地讲清概念、图形结构是形成和发展空间想象力的基础，"立体几何"是培养学生空间想象力的重要学科。准确、形象地理解概念和掌握图形结构，有助于空间想象能力的形成和发展。

③直观图是发展空间想象力的关键。对初学立体几何者来讲，如何把自己想象中的空间图形体现在平面上，是最困难的问题之一。所谓空间概念差，表现为画出的图形不富有立体感，不能表达出图形各部分的位置关系及度量关系。

④运用数形结合方法丰富学生空间想象能力

通过几何教学进行空间想象力的训练，固然可以发展学生的空间想象的数学能力。但是培养学生的空间想象力不只是几何的任务，在数学的其他各个科目中都可以进行。

（4）解题能力的培养

解题能力主要是在解题过程中获得的，一个完整地数学解题过程可分为三个阶段：探索阶段、实施阶段与总结阶段。

①探索阶段。在探索阶段主要是弄清问题、猜测结论、确定基本解题思路，从而形成初步方案的过程。具体的数学问题往往有很多条件，有很多值得考虑的解题线索，有很多

可以利用的数量关系和已知的数学规律，在从众多条件、线索、关系中很快理出一个头绪，形成一个逻辑上严谨的解题思路的过程中，学生的思维能力便得到了训练和提高。在教学中，教师应经常引导学生理清已学过知识之间的逻辑线索，练习由某种数量关系推演出另一种数量关系，进而把问题的条件、中间环节和答案连接起来，减少探索的盲目性。

具备猜测能力是获得数学发现的重要因素，也是解题所必不可少的条件。数学猜测是根据某些已知数学条件和数学原理对未知的量及其关系的推断。它具有一定的科学性，又有很大程度的假定性。在中学数学教学中进行数学猜测能力的训练，对于学生当前和长远的需要都是有好处的。

②实施阶段。实施阶段是验证探索阶段所确定的方案，最终实现方案，并判定探索阶段所形成的猜测的过程。这个过程实际上就是进行推理、运算，并用数学语言进行表述的过程。从一定意义上讲，数学可以看成一门证明的科学，其表现形式主要是严格的逻辑推理。因此，推理是实施阶段的基本手段，也是学生应具备的主要能力。推理、运算过程的表述就是运用数学符号、公式、语言表达推理、运算的过程。

（5）总结阶段

数学对象与数学现象具有客观存在的成分。它们之间有一定事实上的关联，构成有机整体，数学命题是这些意念的组合。因此，数学证明作为展示前提和结论之间必然的逻辑联系的思维过程，不仅仅是证实在数学学习过程中，更重要的是理解。从这一观点出发，我们推崇解完题后的再探索。正如波利亚所强调的，如果认为解完题就万事大吉，那么"他们就错过了解题的一个重要而有益处的方面"，这个方面称为总结阶段。在这个阶段通常必须进一步思考解法是否最简洁，是否具有普遍意义，问题的结论能否引申发展。进行这种再探索的基本手段是抽象、概括和推广。

第二节　高等数学教学的思维方法

一、数学思想方法教学中存在的问题

数学思想方法的探究在各种数学教学研究中如影随形，广大数学教师对它不能说不重视。但在具体教学过程中，在认识及教学策略上似乎还存在一些问题。我们根据对一线数学教师的调查和交流并查阅相关文献，对数学思想方法教学方面存在的问题进行归纳。

（一）认识侧重点存在偏差

我们认为，数学思想方法教学存在认识上的偏差，主要是处理知识与数学思想方法的渗透过程以及数学思想方法的内在联系上。

1. 教学思想方法与知识的关系

目前有一种说法"知识只是思维的载体"，甚至有一种极端的说法"知识不重要，关键在于过程"。这对以往只重视知识的教学，忽略数学思想方法渗透的认识似乎是一种进步。但这种认识如果走向极端，可能会造成学生的学习基础不扎实现象。实际上，在数学教学过程中，有很多场合不能把知识与过程的关系一概而论，有的场合是知识重要，而数学思想方法可以退其次；有的场合则是数学思想方法重要，而结论似乎可以不关心；很多场合则是数学思想方法与数学知识并重。

2. 数学思想方法的内在关系

数学思想方法的内在关系处理有两个方面的意义：

①数学思想与数学方法的关系；

②很多数学问题含有多种数学思想方法，如何体现主要数学思想方法的教育价值协调问题。

目前，数学教学在这两方面存在重方法轻思想和主次不分的认识偏差现象，针对这些偏差我们提出如下见解。

数学思想与数学方法的关系是否区分似乎并不重要，因为它们本身就联系非常密切。任何数学思想必须以数学方法才能得以显性体现。任何数学方法的背后都有数学思想作为支撑。但我们认为，在教学过程中我们数学教师应该有一个清醒的认识，学生掌握了好多问题的解决方法，但不知道这些方法背后的数学思想的共性情况比比皆是。同样，有数学思想，但针对不同的数学问题却"爱莫能助"的情况也不少。

数学技能中有很多的方法模块，这些方法模块背后有一定层次的数学思想方法和理论依据，在解决具体问题时，可以通过使用这些模块的理论说明，直接形式化使用，我们姑且称之为原理型数学技能。数学中一些公理、定理、原理，甚至在解题过程中积累起来的"经验模块"等的使用，能够使数学高效解决问题。为了建立和运用这些"方法模块"，首先必须让学生经历验证或理解它们的正确性；其次，这些"方法模块"往往需要一定的条件和格式要求，如果学生不理解其背后的数学思想方法，很可能在运用过程中出现逻辑错误，数学归纳法就是一个很典型的例子。

（二）教学策略认识尚模糊

曾经有一位学者说："我如果有一种好方法，我就想能否利用它去解决更多更深层次的问题。如果我解决了某个问题，我会想能否具有更多更好的方法去解决这个问题。"此种解决问题与方法的纵横交错关系，尽管我们在数学教学过程中强调"一题多解""多题一解"等方面的训练，但真正有策略关于知识与方法的关系处理，尤其是关于数学思想方法的教学策略的认识似乎还欠清晰。我们在数学教学过程中关于数学思想方法的教学策略的认识需要提高，这方面的研究目前还缺乏系统性。

我们现在编写教材也好，教师上课也好，基本上是采取以数学知识为主线，而数学思想方法却似乎是个影子，忽隐忽现，其中的规律也很少有人去认真思考过。我们不反对让数学思想方法"镶嵌"在数学知识和数学问题中，采取重复或螺旋形方式出现，但我们缺乏一些基本和认真的思考，数学思想方法教育几乎处于一种随意和无序状态恐怕有些不妥。数学思想方法的教学策略为什么会出现这样的现象？我们认为，有如下几点需要注意：

①数学思想方法的相对隐蔽特性使得它的影响与教师水平"相协调"。要从一些数学知识和数学问题中看出其背后的数学思想方法需要教师的数学修养，有的教师能够用高观点从一些普通的数学知识与数学问题中看出背后的数学思想方法，而有的教师却做不到这一点，当然就导致数学思想方法的教学出现了差异。

②数学思想方法教学的相对弹性化使得它的表现与教学任务"相一致"。在数学教学过程中，数学知识教学属于"硬任务"，在规定时间内需要完成教学任务，而数学思想方法的教学任务则显得有弹性。如果课堂数学知识教学任务少，教师可以多挖掘一些"背后的数学思想方法"，反之则可以少讲甚至不讲。正因为数学思想方法具有这样的特性，所以可能产生以下两种后果。

一方面是如果教师能够高瞻远瞩，充分运用数学思想方法教育弹性化特点，能够把知识教学与数学思想方法进行有效融合，融会贯通，达到良好的教学效果。

另一方面是如果数学教师眼界不高，看得不远，很可能捉襟见肘，使一些重要的数学思想方法得不到有效灌输。而一些非主流的数学思想方法却得到不必要的关注。

（三）数学思想方法及渗透策略亟待研究

数学思想方法有宏观和微观的，除了我们前面指的数学思想具有宏观和隐性、数学方法具有微观和显性的一层意思外，还有一层意思是：如果我们把数学思想与数学方法看成一个整体，用数学思想方法简称之，那么"大一些"的数学思想方法是由"小一些"的数学思想方法组成，或者说一些数学思想方法经过逐级抽象或适度组合形成"更高级"的数学思想方法。例如，化归思想，它就是由诸如换元法、配方法等一些"数学思想方法"整合而成。可以这样认为，数学思想方法是由知识教学向智慧培养转变的重要手段。也是我国数学教育工作者提出的具有中国特色数学教育理论的一个尝试。目前，数学思想方法的提法已经得到国内数学教育工作者的认可，并在数学教学实践中得以实施。但是，很多理论和实践层面的问题似乎还不成熟，还需要广大数学教育工作者的进一步参与。再次，我们罗列几个需要研究的问题，希望读者能够参与相关的思考与讨论。

①数学思想方法属于整体概念还是可以看成"数学思想"+"数学方法"，这个问题一直没有达成一致的认识。由于数学思想方法这个概念是我国数学教育工作者提出的，没有国外的参考样本，更没有古人的借鉴，我们在书中试谈自己的观点，只是一孔之见。

②数学包含哪些数学思想方法？各种数学思想方法的教学"指标"是什么？

③能否采用硬性的指标把数学思想方法的教学要求写进课程标准中？

④数学思想方法是如何形成的？需要分成几个阶段进行教学？学生形成数学思想方法的心理机制是什么？

⑤数学教学过程中以数学知识和数学技能为主线的传统做法，能否更改为以数学思想方法为主线的教学策略。

二、数学思想方法的主要教学类型探究

（一）情境型

数学思想方法教学的第一种类型应该属于情境型，人们在很多问题的处理上往往"触景生情"地产生各种想法，数学思想方法的产生也往往出自各种情境。情境型数学思想方法教学可以分为"唤醒刺激型"和"激发灵感型"两种。"唤醒"刺激型属于被激发者已经具备某种数学思想方法，但需要外界的某种刺激才能联想的教学手段，这种刺激的制造者往往是教师或教材编写者等，刺激的方法往往是由弱到强，为了达到这种手段，教师往往采取创设情境的方法，然后根据教学对象的情况，进行适度启发，直至他们会主动使用某种数学思想方法解决问题为止；"激发"灵感型属于创新层面的数学思想方法教学，学习者以前并未接触某种数学思想方法，在某个情境的激发下，思维突发灵感，会创造性地使用这种数学思想方法解决问题。

情境型数学思想方法教学必须具备以下几个条件：

①一定的知识、技能、思想方法的储备；

②被刺激者具有一定的主动性；

③具有一定的激发手段的情境条件。

情境型数学思想方法教学的主要目的在于通过人为情境的创设让学习者产生捕捉信息的敏感性，形成良好的思维习惯，将来在真正的自然情境下能够主动运用一些思想方法去解决问题。

外界情境刺激的强弱对主体的数学思想方法的运用是有一定关系的，当然与主体的动机及内在的数学思想方法储备显然关系更密切。就动机而言，问题解决者如果把动机局限在问题解决，那么他只要找到一种数学思想方法解决即可，不会再用其他数学思想方法了。而教育者要达到教育目的，它往往会诱导甚至采用手段使受教育者采用更多的数学思想方法去解决同一个问题。我们认为，应该以通性通法作为数学思想方法的教育主线，至于每一道数学问题解决的偏方，可以在解决之前由学生根据自己临时状态处理，解决后可以采取启发甚至直接展示等手段以"开阔"学生的解决问题的视野。

任何一个数学问题可以理解为激发学生数学思想方法运用的情境，其实，在教学过程中，任何一章、一个单元、一节课，都有必要创设情境，其背后都有数学思想方法教育的任务。这一点在具体的数学教育中往往被教师忽视。

不管是一个章节还是一个具体的数学问题，这种情况激发学生的数学思想方法去解决问题的最终目的是使学生在将来的实际生活中能够运用所形成的数学思想方法甚至创设一种数学思想方法去解决相关问题。因此，我们现在的课程比较注重创设实际问题情境，引导学生用数学的眼光审视、运用数学联想、采用数学工具、利用数学思想方法去解决实际问题。欧拉从人们几乎陷入困境的七桥问题构思出精妙的数学方法，并由此诞生了一门新的学科—拓扑学，高斯很小就构思出倒置求和的方法求出前 100 个自然数的和，被人们传为佳话而写进教科书。因此，创设生活情境让我们学生运用甚至创造性地运用数学思想方法去解决实际问题也是我们数学教师不可忽视的教学手段。

情境型数学思想方法教学应该正确处理好数学情境与生活情境的关系，两种情境的创设都很重要。尽管现在新课程引入比较强调一节课从实际问题情境中引出，但我们应该注意，都从实际问题引入往往会打乱数学本身内在的逻辑链，不利于学生的数学学习，而过分采用数学情况引入则不利于学生学习数学的动机及兴趣的进一步激发和实际问题的解决能力的培养，数学思想方法的产生和培养往往都是通过这些情境的创设来达到的，因此，我们要根据教学任务，审时度势地创设合适的情境进行教学。

（二）渗透型

渗透型数学思想方法的教学是指教师不挑明属于何种数学思想方法而进行的教学，它的特点是有步骤地渗透，但不指出。

所谓唤醒是指创设一定的情境把学生在平时生活中积累的经验从无意注意转到有意注意，激活学生的"记忆库"，并进行记忆检索。而归纳是指将学生激发出来的不同生活原型和体验进行比较与分析，并对这些原型和体验的共性进行归纳，这个环节是能否成功抽象的关键，需用足够的"样本"支撑和一定的时间建构。抽象过程是需要主体的积极建构，并形成正确的概念表征。描述是教师为了让学生形成正确概念表征的教学行为，值得注意的是，教师的表述不能让学生误以为是对元概念的定义。

元概念的教学以学生能够形成正确的表征为目标，学生需要一个逐步建构的过程，教师不能越俎代庖，否则欲速则不达。

其实，点、线、面的教学有数学思想方法的"暗线"。首先，研究繁杂的空间几何体必须有一个策略，那就是从简单到复杂的过程，第一个策略是从"平"到"曲"，其次再到"平"与"曲"的混合体。

第二个策略是对"平"的几何体需要进行"元素分析"，自然注意到点、直线、平面这些基本元素。首先，如果对空间几何体彻底进行元素分析，点可以称得上最基本的了，因为直线和平面都是由点构成的。其次，纯粹由点很难对空间几何体进行构造或描述，就连描述最简单的图形直线和平面也是有困难的，如果添加直线，由直线和点对平面进行定义也是有困难的。因此，把点、直线、平面作为最基本元素来描述和研究空间多面体就容易得多了。再次，要用点、线、面去研究其他几何体，理顺它们三者之间的关系成了当务之急，这就是为什么引进点、线、面概念后要研究它们关系的基本想法。最后，点可以成线，线可以成面这是学生都知道的事实。立体几何中点、线、面的教学就是典型的渗透型数学思想方法的教学。

渗透型数学思想方法几乎贯穿于整个数学教学过程，教师的教学过程设计及处理背后都往往含有很丰富的数学思想方法，但教师基本上不把数学思想方法挂在嘴上，而是让学生自己去体验，除非有特殊需要，教师可以点名或进行专题教学。

（三）专题型

专题型数学思想方法教学属于教师指明某种数学思想方法并进行有意识的训练和提高的教学。数学教学中应该以通性通法为教学重点，如待定系数法、十字相乘法、凑十法、数学归纳法等，教学应该对这些方法足够的重视，值得指出的是，目前对一些数学思想方法，各个教师的认识可能不尽相同，因此处理起来就各有侧重。例如，十字相乘法有教师认为应用范围窄小而将其在教材中删除，很多在"十字相乘法环境"中"培养长大"的教师却觉得非常可惜。我们认为，数学思想方法教学有文化传承的意义，中国数学教学改革及教材改革应该对此有所关注，我们以前津津乐道的十字相乘法、韦达定理、换底公式等方法在数学课程改革中岌岌可危。

（四）反思型

数学思想方法林林总总，有大法也有小法，有的大法是由一些小法整合而成的，这些小法就有进一步训练的必要，而有些小法却是适应范围极小的雕虫小技，有一些"雕虫小技"却也可以人为地"找"或"构造"一些数学问题进行泛化来"扩大影响力"而成为吸引学生注意力的"魔法"。因此，如何整合一些数学思想方法是一个很值得探讨的话题，而这些整合往往得通过学习者自己进行必要的反思，也可以在指导者的组织下进行反思和总结，这种数学思想方法的教学我们称之为反思型数学思想方法教学。

三、思想方法培养的层次性

学生头脑中的数学思想方法到底是怎样形成的？如何进行有策略的培养？这些显然是我们数学教师关心的问题。数学中的思想方法很多，但培养层次高低不同，有的属于"小打小闹"，做到"一把钥匙开一把锁"或"点到为止"，可有的却是"无限拔高"而要求"修炼成精"。尽管任何一种数学思想方法形成的教学要求有高低，但根据我们的观察，它们应该从低到高经历不同的层次，也可以理解为三个不同的阶段：隐性的操作感受阶段、孕伏的训练积累阶段、感悟的文化修养阶段。

（一）数学思想方法培养的层次性简析

1. 第一层次：隐性的操作感受

学生接受一些数学基础知识及技能考试时一般采取"顺应"的策略，他们也知道这些数学知识及技能背后肯定有一些"想法"，但出于对这些新的东西"不熟"，一般就会先达到"熟悉"的目的，边学习边感受。而教师一般也不采取点破的策略，只让学生自己去学习，用一些掌握知识和技能的"要领"对学生进行"点拨"，有时也借助一些"隐晦"语言试图让一些聪明的学生能够尽快地感悟。应该说，此时数学思想方法的感悟处于一种自由的感受直至感悟阶段，不同的学生感受各不相同。

"隐性的操作感受"主要有如下几个特征：

①知识的反思性极强，对数学知识和技能的获得方法的反思、对数学知识的结果表征和对技能的获得的观察、多向思考尤其是逆向思维的运用等，均需要学生边学习边反思。

②处于"意会期"情形较多，这个时期的数学思想方法可谓"只可意会，不可言传"，尽管一些可以通过语言讲述，但教师更多的是让学生去体验和感悟，给学生一个观察与反思的机会，以培养学生的"元认知"能力。

③发散度极强，对于"感悟性极强"的数学思想方法培养，应该给学生思维以更大的发散空间，而"隐性的操作感受"恰好符合这个要求，因为对人类已经发明或创设的数学知识及其背后的思想方法进行重新审视和反思，往往能够提供给初学者一个创新机会，知识传授者不可以以自己已经定势的思维对学生进行直接的"引导"来限制或剥夺学生的"创造空间"，最好暂时保持"沉默"以换来学习者更大的"爆发"。

2. 第二层次：孕伏的训练积累

尽管我们给学生一个"隐性的操作感受"，但由于学生的年龄特征及知识和能力的局限，如果没有进行必要的点拨，他们也很可能无法"感悟到"知识背后的一些数学思想方法，所以教师应该适时进行点拨。教师通过数学知识的传授或数学问题的解决，采用显性的文字或口头语言"道出"一些数学思想方法并对学生有意识训练的阶段称为"孕伏的训练积累阶段"，其中"孕伏"是指为形成"数学文化修养"打下埋伏。这个阶段教师的导向性比较明显，是将内蕴性较强的数学思想方法显性化传输的一个时期，也可能是学生有意识地去"知觉"的阶段，是学生对数学思想方法感悟和学习的重要提升阶段。

处于"孕伏的训练积累"的数学思想方法教学具有以下几个特征：

①显性化。教师"一语道破天机"采用抽象和精辟的语言概括出学生所学数学知识背后的数学思想方法，使学生从初步感受阶段中豁然开朗。

②导向性。教师在这个阶段的教学行为导向性非常明显，不仅使用显性而明确的语言概括出数学活动背后蕴涵的数学思想，而且还编拟一些数学问题进行训练，以增强运用某种数学思想方法的意识。

③层次性。教师根据学生在学习的不同阶段，采用不同层次的抽象语言来概括数学思想方法，经常采用"XX法"等过渡性词语来表达一些数学思想。

④积累性。人类对自己的思想方法也是一个无限发展的过程。"孕伏的训练积累阶段"就是将一些数学思想在学生面前的"曝光阶段"很可能在学生面前"曝光"一种数学思想方法却同时在孕育着另一种更高层次的数学思想方法，低层次的数学思想方法培养的"孕伏的训练积累阶段"可能是更高层次的数学思想方法培养的"隐性的操作感受阶段"。

我们认为在概括数学思想方法的时候应该特别强调具有"数学味"，体现以数学为载体在培养人的思想方法方面的特殊价值，让数学思维成为人类思维活动的一枝奇葩。

（二）数学思想方法阶段性培养的几点思考

数学思想方法形成的层次性或阶段性分析是我们的一个尝试，目的是提醒我们在培养过程中根据不同的时期，灵活选择培养手段。我们将注意事项概括为以下三点：

1. 要准确把握好各个阶段的特征

一种数学思想方法必须经历孕育、发展、成熟的过程，不同时期的特征各不一样，教育手段也差距甚远，如果我们不根据阶段性特征而拔苗助长，很可能会违背数学教学规律而"受到惩罚"。

例如，公理化思想、反证法思想在高中阶段如果还停留在"隐性的操作感受阶段"恐怕就不妥了，一方面学生已经经历和积累了大量的感性认识，同时他们的抽象思维已经接近成人的水平，再不进入后两个阶段，对学生的终身发展是一个缺憾。值得指出的是，各种思想方法培养所经历的不同时期的时间往往是不一致的。我们应该了解各种思想方法的特征，从学生今后发展的宏观角度认识数学思想方法的价值，有意识、有步骤地进行渗透和培养。

2. 注意各种思想方法的有机结合

各种思想方法的有机结合有多个方面的意义：一是思想方法具有逐级抽象的过程，"低层次"的数学方法可能"掩盖"了"高层次"的数学思想。我们发现，目前的教学过程中以"法"代"想"的现象比较普遍。虽然我们可能将"微观"中的"法"作为"宏观"中的"想"在"隐性的操作感受"阶段添加的感性材料，但是，或许我们并没有将一些本该进一步"升华"的"法"发展和培养成"想"的意识。二是对同一个学生而言，各种思想方法培养所处"时期"可能也不一样，我们应该注意培养的侧重点，不能因为一种已经进入成熟的思想方法掩盖了尚处于前两个时期的思想方法，错失培养的良机。三是一种数学知识可能蕴涵着多种数学思想方法，一个数学问题可以采用多种思想方法中之一来解决，也可能需要多种数学思想方法的合理"组合"才能解决，我们应该引导学生进行优选和组合，使学生具有良好的学习数学和解决数学问题的综合能力。

3. 认真体验和反思数学思想方法

数学方法具有显性的一面；而数学思想往往具有隐性的一面。数学思想通过具体数学方法来折射，一些学者由于数学思想和方法的紧密联系，通常就不加区分统称为数学思想方法。我们不要以为讲授了一些问题的具体处理方法就已经体现了背后的思想，这其实存在一个认识误区。学生采用多种方法解决了一个又一个数学问题，但他们说不出背后思想的情况比比皆是。徐利治教授的 RMI 法则的提出离现在还不久，说明我们现在已有的所谓数学思想方法还有更多地提炼空间，可以这样认为，能否在千变万化的数学方法中概括出数学思想是衡量一个学生或数学教师的水平和数学修养的重要标志，我们只有提升自己的认识水平，才能高屋建瓴地有效培养学生的数学思想。因此，我们完全可以通过体验和反思目前已有的数学思想方法，使我们的观点和水平得到进一步提高。

第三节　高等数学教学的逻辑基础

一、数学概念

概念是思维的基本单位，是思维的基础。现代心理学研究认为，大脑的知识可以等效为一个由概念节点和连接构成的网络体系，称为"概念网络"。由于概念的存在和应用，人们可以对复杂的事物作简化、概括或分类的反映。概念将事物依其共同属性而分类，依其属性的差异而区别，因此概念的形成可以帮助学生了解事物之间的从属与相对关系。数学概念是数学研究的起点，数学研究的对象是通过概念来确定的，离开了概念，数学也就不再是数学了。

（一）数学概念概述

1. 概念的定义

概念是哲学、逻辑学、心理学等许多学科的研究对象。各学科对概念的理解是不一样的，概念在各学科的地位和作用也不一样。哲学上把概念理解为人脑对事物本质特征的反映，因此认为概念的形成过程就是人对事物的本质特征的认识过程。

根据哲学的观点，数学概念是对数学研究对象的本质属性的反映。由于数学研究对象具有抽象的特点，因此数学是依靠概念来确定研究对象的。数学概念是数学知识的根基，也是数学知识的脉络，是构成各个数学知识系统的基本元素，是分析各类数学问题，进行数学思维，进而解决各类数学问题的基础。它的准确理解是掌握数学知识的关键，一切分析和推理也主要是依据概念和应用概念进行的。

2. 概念的内涵与外延

任何概念都有含义或者意义，例如"平行四边形"这个概念，意味着是"四边形""两组对边分别平行"，这就是平行四边形这个概念的内涵。任何概念都有所指，例如，三角形这个概念就是指锐角三角形、直角三角形与钝角三角形的全体，这就是概念的外延，因此概念的内涵就是指反映在概念中的对象的本质属性，概念的外延就是指具有概念所反映的本质属性的对象。

内涵是概念的质的方面，它说明概念所反映的事物是什么样子的，外延是概念的量的方面，通常说的概念的适用范围就是指概念的外延，它说明概念反映的是哪些事物。概念的内涵和外延是两个既密切联系又互相依赖的因素，每一科学概念既有其确定的内涵，也有其确定的外延。因此，概念之间是彼此互相区别、界限分明的，不容混淆，更不能偷换，教学时要概念明确。从逻辑的角度来说，基本要求就是要明确概念的内涵和外延，即明确概念所指的是哪些对象，以及这些对象具有什么本质属性。只有对概念的内涵和外延两个方面都有准确的了解，才能说对概念是明确的。

因此应当指出：

①按照传统逻辑的说法，概念的外延是一类事物，这些事物是那个类的分子，但按现代逻辑的说法，习惯上把类叫作集合，把分子叫作元素，这样就把探讨外延方面的问题归之为讨论集合的问题。

②有些概念是反映事物之间关系的。例如，"大于"等，它们的外延就不是一个一个的事物而是有序对集，就自然数而论。

③概念的内涵和外延是相互联系、互相制约的，概念的内涵确定了，在一定条件下，概念的外延可由之确定。反过来，概念的外延确定了，在一定条件下概念的内涵也可以因此而确定。例如"正整数、零、负整数、正分数、负分数"是有理数的外延，它是完全确定的。掌握一个概念，有时不一定能知道它的外延的全部，有时也不必知道它的外延的全部，比如"三角形"这个概念是我们大家所掌握的，但是我们不必要，也不可能知道它的外延的全部，即世界上所有的具体三角形，但是我们只要掌握一个标准，根据这个标准就能够确定某一对象是否属于这个概念的外延，而这个标准就是概念的内涵，概念所反映对象的本质属性，对某一个具体图像，我们都可以明确地说出它是三角形或不是三角形。

（二）数学概念的分类

对概念的分类，是心理学家的一种追求，因为这是问题研究的一个起点。给数学概念分类的目的在于一是从理论上解析数学概念结构，从而为数学概念学习理论奠定基础；二是在教学设计中，便于根据不同类型概念制定相应的教学策略。

概念分类有不同的标准，对概念分类主要采用以下几种方式：从数学概念的特殊性入手分类，突出 数学概念的特征；从逻辑学角度进行分类，在一般概念分类的基础上对数学概念进行划分依据；学习心理理论对概念进行分类，以揭示不同概念学习的心理特征；从教育心理学的角度看，对概念进行分类的目的都是为概念教学服务的，围绕如何教的概念分类是人们追求的目标。

（1）原始概念、人独大的概念、多重广义抽象概念

有学者依据概念之间的关系，把数学概念分为原始概念、人独大的概念、多重广义抽象概念徐利治先生认为，数学概念间的关系有以下三种形式：

①弱抽象。即从原型 A 中选取某一特征（侧面）加以抽象，从而获得比原结构更广的结构 B，使 A 成为 B 的特例。

②强抽象。即在原结构 A 中添加某一特征，通过抽象获得比原结构更丰富的结构 B，使 B 成为 A 的特例。

③广义抽象。若定义概念 B 时用到了概念 A，就称 B 比 A 抽象。

严格意义上讲，这不是对概念的分类，只是刻画了一些特殊概念的特征。它的教学意义在于，教师进行教学设计时可以重点考虑对这三类概念的教学处理，或作为教学的重点，或作为教学的难点。

（2）陈述性概念与运算性概念

在对概念结构的认识方面，认知心理学家提出一种理论——特征表说，所谓特征表说即认为概念或概念的表征是由两个因素构成的：一是定义性特征，即一类个体具有的共同的有关属性而是定义性特征之间的关系，即整合这些特征的规则。这两个因素有机地结合在一起，组成一个特征表。有学者根据这一理论和知识的广义分类观，对数学概念进行分类。

（3）合取概念、析取概念、关系概念

有学者依据概念由不同属性构造的几种方式：联合属性、单一属性、关系属性，分别对应地把数学概念分为合取概念、析取概念、关系概念。所谓联合属性，即几种属性联合在一起对概念来下定义这样所定义的概念称为合取概念；所谓单一属性。即指许多事物的各种属性中，找出一种或几种共同属性来对概念下定义这样所定义的概念称为析取概念，即所谓关系属性，即以事物的相对关系作为对概念下定义的依据，这样所定义的概念称为关系概念；显然，这种划分建立在逻辑学基础之上，以概念本身的结构来进行分类这种方法同样适合于对其他学科的概念进行分类，因而没有体现数学概念的特殊性。

（4）叙实式概念、推理式概念、变化式概念和借鉴式概念

有论者认为数学概念理解是对数学概念内涵和外延的全面性把握。根据不同特点的数学概念所对应的理解过程和方式可将数学概念分为叙实式数学概念、推理式数学概念、变化式数学概念和借鉴式数学概念等四种类型。

叙实式数学概念是指那些原始概念、不定义的概念，或者是那些很难用严格定义确切描述内涵或外延的概念。这类概念包括平面、直线等原始概念，包括算法、法则等不定义概念，还包括数、代数式等外延定义概念等。所谓推理式数学概念，是指能够对概念与相关概念的逻辑关系本质进行描述的数学概念，"生的广后有界"指的是它还能推出或定义出一些概念；"同层有联系"指的是与它所并列于同一个逻辑层次上的其他概念有着一定的逻辑相关性。所谓变化式数学概念，包括以原始概念为基础定义的，包括那些借助于一定的字母与符号等，经过严格的逻辑提炼而形成的抽象表述的有直接非数学学科背景的概念，还包括在其他学科有典型应用的概念。

（三）数学概念间的关系

概念间的关系是指某个概念系统中一个概念的外延与另一个概念的外延之间的关系。依据它们的外延集合是否有公共元素来分类，这里约定，任何概念的外延都是集合。

1. 相容关系

如果两个概念的外延集合的交集非空，就称这两个概念间的关系为相容关系，相容关系又可分为下列三种：

（1）同一关系

如果概念 A 和 B 的外延的集合完全重合，则这两个概念 A 和 B 之间的关系是同一关系。具有同一关系的概念在数学里是常见的。例如，无理数与无限不循环的小数下等边三角形

与等角三角形，都分别是同一关系。由此不难看出，具有同一关系的概念是从不同的内涵反映着同一事物。

了解更多地同一概念，可以对反映同一类事物的概念的内涵作多方面的揭示，有利于认识对象，有利于明确概念。比如说，我们只有运用等腰三角形底边上的高、中线、顶角平分线这三个具有同一关系的概念的内涵来认识底边上的高，才能看清楚这条线段具有垂直平分底，同时平分顶角的特征，从而加深对这条线段的认识，为灵活运用打下基础。

具有同一关系的两个概念 A 和 B，可表示为 A=B，这就是说 A 与 B 可以互相代替，这样就给我们的论证带来了许多方便，若从已知条件推证关于 A 的问题比较困难，可以改从已知条件推证关于 B 的相应问题。

（2）交叉关系

若两个概念 A 和 B 的外延仅有部分重合，则这两个概念和 B 之间的关系是交叉关系，具有交叉关系的两个概念是常见的。比如矩形与菱形，等腰三角形与直角三角形，都分别是具有交叉关系的概念，具有交叉关系的两个概念 A 和 B 的外延只有部分重合，所以不能说 A 是 B，也不能说 A 不是 B，只可以说有些 A 是 B，有些 A 不是 B。例如可以说："有些等腰三角形是直角三角形"，也可以说"有些直角三角形是等腰三角形"，但不能说"等腰三角形不是直角三角形"，也不能说"直角三角形不是等腰三角形"，这一点对于初学具有交叉关系概念的中学生来说往往容易出现错误。如果我们在教学中抓住交叉关系的概念的特点，提出一些有关的思考题启发学生，就可以避免以上错误认识的形成。

（3）属种关系

若概念 A 的外延集合为概念 B 的外延集合的真子集，则概念 A 和 B 之间的关系是属种关系，这时称概念 A 为种概念，B 为属概念。即在属种关系中，外延大的，包含另一概念外延的那个概念叫作属概念，外延小的，包含在另一概念的外延之中的那个概念叫种概念。具有属种关系的概念表现在数学里也就是具有一般与特殊关系的概念。例如，方程与代数方程，函数与有理函数，数列与等比数列，就分别是具有属种关系的概念，其中的方程、函数、数列分别为代数方程、有理函数、等比数列的属概念，而代数方程、有理函数、等比数列分别为方程、函数数列的种概念。

属概念所反映的事物的属性必然完全是其种概念的属性。例如，平行四边形这个属概念的一切属性明显都是某种概念矩形和其他概念菱形的属性。因此，不难知道，属概念的一切属性就是其所有种概念的共同属性，称之为一般属性，各个种概念特有的属性称之为特殊属性。一个概念是属概念还是种概念不是绝对的，同一概念对于不同的概念来说，它可能是属概念，也可能是种概念。

一个概念的属概念和一个概念的种概念未必是唯一的。例如自然数这个概念及其属概念可以是整数，也可以是有理数，还可以是实数，而其他概念可以为正奇数也可以为正偶数，还可以为质数、合数。再如，四边形、多边形是平行四边形的属概念，矩形、菱形和正方形都是平行四边形的一种概念。在教学中，我们要善于运用这一点帮助学生明确某概念都属于哪个范畴以及又都包含哪些概念，将有关的概念联系起来，系统化，从而提高学生在概念的系统中掌握概念的能力。

2. 不相容关系

如果两个概念是同一概念下的一种概念，它们的外延集合的交集是空集，则称这两个概念间的关系是不相容关系。不相容关系又可分为以下两种：

（1）矛盾关系

只有学好和运用好概念的矛盾关系，才能加深对某个概念的认识。比如，一个学生只有在不仅懂得了怎样的数是有理数，而且懂得了怎样的数是无理数时，这个学生才能真正掌握无理数这个概念。在教学中我们要善于运用这一点，引导学生注意分析具有矛盾关系的两个概念的内涵，以便使学生在认清某概念的正反两方面的基础上，加深对这个概念的认识。

（2）对立关系

有的同学认为，在整数范围内正数的反面就是负数，负数的反面就是正数，若将这种误解运用到反证法中去，必然导致错误。具有全异关系的两个概念是反对关系还是矛盾关系有时不是绝对的。比如，有理数与无理数在实数范围内是矛盾关系，但在复数范围内却是反对关系。

任何两个概念间的关系或为同一关系，或为从属关系，或为交叉关系，或为全异关系，也就是说任何两个概念必然具有以上四种关系中的一种关系，只有在学科的概念体系中分清各概念之间的区别和联系，才能达到真正明确概念。因而我们在教学中要善于引导学生在分清概念间的关系的过程中掌握各个概念。

（四）数学概念定义的结构、方式和要求

1. 定义的结构

前面已经指出概念是由它的内涵和外延共同明确的，由于概念的内涵与外延的相互制约性，确定了其中一个方面，另一方面也就随之确定。概念的定义就是揭示该概念的内涵或外延的逻辑方法。揭示概念内涵的定义叫作内涵定义，揭示概念外延的定义叫作外延定义。

任何定义都是由三部分组成被定义项、定义项和定义联项。被定义项是需要明确的概念，定义项是用来明确被定义项的概念，定义联项则是用来连接被定义项和定义项的。

2. 定义的方式

（1）邻近的属加种差定义

在一个概念的属概念当中，内涵最多的属概念称为该概念邻近的属。例如，矩形的属概念有四边形、多边形、平行四边形等。其中平行四边形是矩形邻近的属。要确定某个概念，在知道了它邻近的属以后，还必须指出该概念具有这个属概念的其他种概念不具有的属性才行。这种属性称为该概念的种差，如"一个角是直角"就是矩形区别于平行四边形其他种概念的种差。这样，我们就可以把矩形定义为："一个角是直角的平行四边形叫作矩形"。

（2）发生定义

发生定义是邻近的属加种差定义的特殊形式，它是以被定义概念所反映的对象产生或形成的过程作为种差来下定义。例如，"圆是由一定线段的一个端点在平面上绕另一个不动端点运动而形成的封闭曲线"这就是一个发生式定义，类似的发生式定义还可用于椭圆、抛物线、双曲线、圆柱、圆锥、圆台球等概念。

3. 定义的要求

为了使概念的定义正确、合理，应当遵循以下一些基本要求：

（1）定义要清晰

定义要清晰，即定义项所选用的概念必须完全已经确定。

循环定义不符合这一要求，所谓循环定义是指定义项中直接或间接地包含被定义项。例如，定义两条直线垂直时，用了直角："相交成直角的两条直线叫作互相垂直的直线"，然后定义直角时，又用了两条直线垂直："一个角的两条边如果互相垂直，这个角就叫作直角"，这样前后两个定义就循环了，结果仍然是两个"糊涂"概念，同词同义反复也不符合这一要求，因为它是用自己来定义自己。

此外，定义项中也不能含有应释未释的概念或以后才给出定义的概念。

（2）定义要简明

定义要简明，即定义项的属概念应是被定义项邻近的属概念，且种差是独立的。例如，把平行四边形定义为"有四条边且两组对边分别平行的多边形"是不简明的，因为多边形不是平行四边形邻近的属概念；如果把平行四边形定义为"两组对边分别平行且相等的四边形"也是不简明的，因为种差"两组对边分别相等"与"两组对边分别平行，不互相独立"，由其中一个可以推出另一个。

（3）定义要适度

定义要适度，即定义项所确定的对象必须纵横协调一致。

同一概念的定义，前后使用时应该一致不能发生矛盾；一个概念的定义也不能与其他概念的定义发生矛盾。例如，如果把平行线定义为"两条不相交的直线"，则与以后要学习的异面直线的定义相矛盾。如果把无理数定义为"开不尽的有理数的方根"，就使得其他的无限不循环小数被排斥在无理数概念所确定的对象之外，造成属概念体系的诸多麻烦以致混乱。

要符合这一要求，如果是事先已经获知某概念所反映的对象范围，只是检验该概念定义的正确性时可以用"定义项与被定义项的外延必须全同"来要求。

二、数学命题

数学家对数学研究的结果通常是用命题的方式表示出来。数学中的定义、法则、定律、公式、性质、公理、定理等都是数学命题，因此数学命题是数学知识的主体。数学命题与概念、推理、证明有着密切的联系，命题是由概念组成的，概念是用命题揭示的，"命题是组成推理的要素，而很多数学命题是经过推理获得的，命题是证明的重要依据，而命题的真实性一般都需要通过证明才能确认，因此数学命题的教学，是数学教学的重要组成部分"。

1. 判断和语句

判断是对思维有所肯定或否定的思维形式。例如，对角线相等的梯形是等腰梯形，三个内角对应相等的两个三角形是全等三角形，指数函数不是单调函数等。

由于判断是人的主观对客观的一种认识，所以判断有真有假。正确地反映客观事物的判断称为真判断，错误地反映客观事物的判断是假判断。

判断作为一种思维形式、一种思想，其形式和表达离不开语言。因此，判断是以语句的形式出现的，表达判断的语句称为命题。因此，判断和命题的关系是同一对象的内核与外壳之间的关系，有时我们对这两者也不加区分。

2. 命题特征

判断处处可见，因此命题无处不在。例如在数学中，"正数大于零""负数小于零""零既不是正数，也不是负数"，就是最普通的命题。命题就是对所反映的客观事物的状况有所断定，它或者肯定某事物具有某属性，或者否定某事物具有某属性，或者肯定某些事物之间有某种关系，或者否定某些事物具有某种关系。如果一个语句所表达的思想无法断定，那么它就不是命题，因此，"凡命题必有所断定"可看成是命题的特征之一。

第三章 高等数学分层式、探究式教学模式与方法

第一节 高等数学分层教学模式与方法

一、分层教学概述

（一）分层教学的概念

目前，对分层教学的概念的理解多种多样。归纳起来，有如下几类：

1.分层教学是一种教学策略

分层教学是一种强调适应学生个别差异，着眼于各层次学生都能在各自原有基础上得到较好发展的课堂教学策略。

2.分层教学是一种教学方法

分层教学是在班级授课制下，按照学生的学习状况、心理特征及其认识水平等方面的差异进行分类，以便及时引导各类学生有效地掌握基础知识，受到思想教育，得到能力培养的一种教育教学方法。

3.分层教学是一种教学手段

分层教学是在班级授课制下，教师在教授同一教学内容时，同一个班级优、中、差生的不同知识水平和接受能力，以相应的三个层次的教学深度和广度进行施教的一种教学手段。

4.分层教学是一种教学方式

所谓分层教学，即根据受教育者的个体差异，对其进行排队，按照由高到低的顺序将其划分为不同的层次，针对每个层次的不同特点，因材施教，借以实现既定的人才培养目标的一种教学方式。

5.分层教学是一种教学组织形式

分层教学是教师充分考虑到班级学生客观存在的差异性，区别对待地设计和进行教学，有针对性地加强对不同类型的学生的学习指导，使得每名学生都得到最优发展的教学组织模式。

6. 分层教学是一种教学模式

分层教学是针对教育对象的综合评价差异而采取的一种因材施教模式。

分层教学就是要根据学生基本素质、知识水平的实际和社会对于人才的需求，按若干个层次对学生实施因材施教、因需施教的一种新的教学模式。

将分层教学定位为一种教学模式是比较合理的。如果将分层教学看作一种教学方法或是一种教学策略，一个过于具体、偏颇；另一个又过于抽象、缺乏可操作性。在教学方法中的讲授、谈话、游戏等各种方法都可以在分层教学过程中得以展现，但反过来说，分层教学到底是一种什么样的教学方法，却无法给出明确的解释。分层教学本身包含着多种调节、反馈活动机制和策略，有思维层面的东西，但它的内涵又远非这些调节、反馈活动机制和策略所能涵盖，它还包含有师生活动的基本框架，同时有一套自己的目标体系和具体的操作程序。所以，仅将其视为教学策略，没有一定思维深度的人是无法领会其中的含义的，但如果将其视为一种教学组织形式，又未免过于机械和呆板。从最初来源讲，分层教学源于分组教学，但它又不同于分组教学，它是在分组教学的框架形式内又融入了教学策略、内容、方法、目标任务、评价及其指导思想等丰富内涵，从而演变为一种教学模式，而且是班级授课形式下的基于学生差异基础上的个性化教学模式。

（二）分层教学的理论依据

1. "以人为本"原则

教育必须以人为本，这是现代教育的基本价值取向。职业教育要真正做到"以人为本"就必须打破过去那种要求客观上有差别的学生去被动适应统一的教育计划的教育模式，代之以分层递进的教育模式。从新的教学观看，高校数学教学要求教师创设适合不同学生发展的教学环境，体现以学生为本的教学观，而不是一味地要求不同的学生来适应教师所创设的单一的、唯一的教学氛围。

2. "因材施教"原则

因材施教始创于中国古代教育家孔子，宋代朱熹将孔子这方面的思想和经验概括为"孔子教人，各因其材"。就高校生的数学学习而言，由于数学基础不同，学生之间不仅有数学认知结构上的差异，也有在对新的数学知识进行同化或顺应而建构新的数学认知结构上能力的差异，还有思维方式、兴趣、爱好等个性品质的差异。在教学中，要想真正体现"因材施教"原则，就必须客观对待学生间的差异，从不同层次学生的实际情况出发，提出不同的教学目标，以最大限度地发挥每名学生的学习潜能。

3. "掌握学习"理论

美国著名教育家、心理学家布卢姆提出的掌握学习（Mastery Learning）理论认为，有效的教学应保证大部分学生都能掌握主要的学习内容，而且只要为学生提供必要条件，就有可能使绝大多数的学生都能完成学习任务或达到规定的学习目标。因此，教师对每名学生的发展要充满信心，并为每名学生提供理想的教学，提供均等的学习条件，让每名学生都能得到适合自己的教学，让每名学生都能得到发展。

4. "最近发展区"理论

苏联著名心理学家维果茨基提出的"最近发展区"理论认为，学生有两种发展水平，一是已经达到的发展水平；二是可能达到的发展水平，它是指学生靠自己不能独立解决的问题，经老师启发帮助后可以达到的水平。它们之间的区域被称为最近发展区或最佳教学区。教师只有从这两种水平的个体差异出发，把最近发展区转变为现有发展水平，并不断地创造出更高水平的最近发展区，才能促进学生的发展。

5. "弗赖登塔尔"数学教育思想

荷兰数学家和数学教育家弗赖登塔尔认为："数学发展过程就具有层次性，构成许多等级。一个人在数学上能达到的层次因人而异，数学教育的任务就在于帮助多数人去达到这个层次，并不断努力地提高这个层次和指出达到这个层次的途径。"这也正是新数学课程提到的理念：人人都能获得必需的数学；不同的人在数学上得到不同的发展。这一思想在高等教育中包含以下三层含义：（1）高等教育对数学教育的要求、需要达到的水平；（2）学生现有的数学基础和水平；（3）数学知识在学生的专业中的实际应用。弗赖登塔尔数学教育思想为本研究的展开提供了最重要的理论依据。

6. "建构主义"理论

建构主义认为：人的认知过程学习过程是人的认知思维活动的主动建构过程，具有主动性；学习者不是知识的被动接受者，而是知识的主动建构者。分层次教学强调教学活动建立在每名学生的最近发展区内，针对每名学生的"数学现实"进行教学。把学习的主动权交给学生，学生的知识不是老师的授予，而是学生的主动建构。学生不是知识的被动接受者，而是知识的主动建构者。由此可见，建构主义理论是分层教学的重要理论基础。

7. 巴班斯基的"教学教育过程最优化"理论

苏联教育学家巴班斯基认为，"教学过程的最优化"就是在教育教育和学生发展方面保证达到当时条件下尽可能大的效果，而师生用于课堂教学和课外作业的时间又不超过学校规定的标准。教学过程最优化的基本方法包括："在研究该班学生特点的基础上，使教学任务具体化；根据具体学习情况的需要，选择合理的教学形式和方法等。"要求教材的难度和广度以及教学的速度都应适合学生的最近发展区水平上的实际学习能力。现阶段高校数学分层次教学是符合教学过程最优化要求的选择。

8. 当代教育家的分层教学思想

在我国教育界，西南大学教育心理学家张大均就提出："社会对人才的需求是多方面多层次的，学生的个人兴趣爱好能力结构和个性发展也是有很大差异的。应该使不同层次的学生有课程选择的自由，能够主动地得到发展。面向差异的主要教学方法——分层教学体现了这一思想。"西北师范大学吕世虎教授指出："提高教学有效率的若干策略——运用'最近发展区'理论，实施分层递进教学。"

北京师范大学曹才翰先生强调："数学教学要适应学生的认知发展水平"。王维臣在《数学与课程导论》一书中探讨教学组织演变形式时强调了"能力分班和分组"的教学组织形式。北京师范大学裴娣娜教授在《未来导报》2003 年 3 月 28 日第三版发表:《对当前我国课程教学改革的思考》文章，指出现代意义的课堂教学应体现学习的选择性，其中学生作为能动的主体，考虑其个别差异，能根据学习的需要，有效地选择自己的学习内容。课堂教学要尊重学生个性与才能，关注个体差异，满足不同层次学生的不同需要。

（三）分层次教学应遵循的基本原则

分层教学要反映数学大众化思想，面向全体学生，综合考虑学生个体间相同与相异的因素，将学生划分为不同的层次，对不同层次的学生，运用不同的教学策略，把学生的个体差异当作可开发的资源，为每名学生开辟广阔的发展空间，挖掘学生的发展潜能，促使学生学会学习数学，进而愿意学习数学，应遵循以下几个原则：

1. 进行分层次教学要与分快慢班区别开来，分层次教学中的教师眼中没有差生，在师资配置上也没有歧视，甚至会为学习程度较弱的层次配备更好的老师，分层次教学的目的是提供适合学生个性发展的教育，但对较低层次的学生，应避免对他们的心理发展造成不利影响，产生被视为差生的心理压力，对较高层次的学生，不要使他们产生优越感。

2. 不能简单地由学校或教师根据学生的数学高考成绩确定学生分在哪个层次，而是由学生根据自己对数学的兴趣和已有数学基础自主确定，因为这种选择是学生的自觉行为，就能使学生的数学学习从"要我学"转变为"我要学"，充分调动学生的学习积极性。但在学生自主选择层次后，不能要求其从一而终，而是在教师的指导下，允许学生根据学习的情况和需求的变化，进行重新选择学习层次。

3. 不能简单地通过分层次降低对部分学生的要求，分层次教学不是教学的目的，而是一种教学的措施或策略，学生可以根据自己的条件和后续课程的学习和今后进一步的发展需要，选择较高教学层次或技能等级要求，实现符合自身特点和发展意愿的最佳发展的目标。

4. 分层教学应按照教学过程最优化的理论对教学的各个环节、要素进行优化，按照"照顾差异，分层提高"的原则，使得教学目标的确定，教学内容的安排，教学方法的选定，评价体系等都有所区别，使之适合不同层次学生的实际学习需要，谋求全体学生的最优发展。

5. 对于不同层次的学生，教师都要给予客观、公正、科学的评价，及时鼓励富有创新精神和有进步的学生，激发学生的内在学习动机，使分层教学真正成为促进学生学习的有效手段，为每一名学生营造一种最适合他们个性的学习和发展环境。

（四）分层教学所要达成的目标

分层次教学改革的目标是以提高学生学习数学的兴趣为前提，在教学策略上以分层为手段发挥学生的个性特征，强调学生最大限度的智力参与，关注学生主体性的发挥和培养，通过优化设计教学过程的各个环节，各个要素，求得最佳教学效果。因此，分层次教学的一般层次的目标是为具有不同的数学文化基础；不同的专业学科；不同职业取向的学生；

提供尽可能充足的数学知识和数学能力的准备。但更为理想的目标是用不同的教学策略，使不同层次的学生对数学的价值与功能，数学思想方法均有较为深刻的理解与把握，为他们适应社会发展的需要，提供更为坚实、广泛的基础，使尽可能多的学生都能从低层次达到高层次，从而全面提高数学教学质量。在这一过程中，需要处理好以下几个问题：

1. 学生之间现有数学基础与未来发展方向的差异是存在的，同时学生未来运用数学的广泛程度与深入程度也是有差异的，但对学生而言，数学的价值与功能不及学生对数学思想与方法的领悟同等重要，分层次教学就是主动地利用这些差异，而尊重这些差异就是对学生主体发展的关注与尊重，并利用这些差异来提高教学效果。

2. 分层次教学班中，程度相同或相近的学生集中在一起，有利于教师把握不同层次学生的认知规律，促进教师更好地认识与把握教育教学规律。因此，分层次教学不仅有利于学生素质的全面提高，也有利于促进教师队伍素质的提高。

3. 承认学生的数学能力等各方面是有差异的，但同时要承认他们的智力水平与学习数学的潜力没有质的差别，因此，分层次教学的基本要求是不限制层次高的学生学习数学的潜力，对层次较低的学生，让他们跟上学习进度，达到《工科类本科数学基础课程教学基本要求》所规定的学习目标，掌握数学基础知识、基本能力，为专业课学习服务，同时提高分析问题与解决问题的能力。

二、分层教学法的准备阶段

（一）对学生分层的依据

国家做出高校大扩容的战略部署之后，高校生源的质量大打折扣。在中学基础教学改革的冲击下，很多大学的内容已经变成中学基础的必须掌握的内容，并且在高考指挥棒的作用下，一部分学生掌握的大学部分知识已经非常地扎实，而另一部分学生因为所在的中学为了提高升学率省却了中学课程标准中要求的知识而没有大学的一些知识。从现实的情况看，笔者清楚地认识到，如果还把所有的学生集中在一起按照以前的方法进行教学已经是不可能的了。因此，提出了分层教学的概念。

摆在我们面前的首要问题就是怎样对待学生分层。笔者认真分析了一些高校分层的优点与不足，提出了适合高校的分层方法。在分层的过程中笔者参考了"多元智力理论"，我们承认学生的差异并认为考分高低并不决定一个人的最终能力。不以牺牲部分学生的利益来进行分层，也就是没有按照学生的成绩来分层。下面主要谈谈具体的实施过程：

首先，根据学生的学习可能性水平将全班学生区分为 A、B、C 三个层次，便于教师把教学难度确定在每名学生的"最近发展区"之中。

其次，根据本校某级学生的高考入学成绩的统计资料，确定各层次人数比例。对成绩分布表进行具体分析，150 分的总分，数学成绩在 60 分（相当于百分制的 40 分）以下的百分比，学生数学成绩在 120 分以上的百分比，可以看出学生的差异是显著的。由宁静

（2001）等人的研究可以得出结论，高考分数可以作为大学生智育水平的一个标准，然而高考总分在一定范围内的学生数学的成绩取决于自己的努力程度和个人正确的学习方法。由此可以看出笔者确定的比例是可行的。当然我们的分层并不是直接按照高考成绩分层，在后面还要作专门的论述。

最后，综合考虑学生的问卷调查结果、教学的经验以及于宏（2004）等人研究的结果确定了各层次学生的大致标准：

A层学生智力因素和非智力因素好，观察力、记忆力、注意力、思考和自学能力较强，视野开阔，能将学到的基本原理"迁移"到各种练习题和实验中去。具体表现出来为有较好的数学基础，并有志于从事科学研究和技术开发，能积极地配合老师教学，对数学有极高的学习热情。

B层学生为学生中的主体，该层次的学生智力因素较好，非智力因素中等，有些小聪明，但学习上不是很专心，进取心不是很强，知识面较广。

C层学生满足如下特点：学生认知能力低，非智力因素欠缺，上课时不能集中注意力，意志品质较为薄弱。具体体现出来就是数学基础薄弱，或学习数学没有主观的愿望。

（二）对学生分层的具体操作

由于我们的教育对象是人，而不是像工厂中的产品的制造一样千篇一律，所以如果由学校或教师简单地根据学生原来的成绩（入学成绩）确定学生分在哪个层次，这对学生来说是被动的选择，并不能激发学生的学习积极性，还会刺伤学生的自尊，也会对学生心理发展产生不良影响，不可能达到预期的教学目的。应在学校充分了解、认识学生某些课程基础水平的前提下，通过教师的指导，充分听取学生本人的意见，最后由学生自主决定。因此，我们的分层主要考虑到了三个方面：第一，学生的数学基础；第二，个人自愿，充分兼顾到学生本人的兴趣爱好和本人的意愿；第三，自主学习能力。

首先，公开分层。在开学之初给学生进行分班的指导工作，主要给学生讲解我们为什么要分班以及分班的原则。相应的由班导师做好本组学生的分班指导工作。

其次，在开校两周之内允许学生自主地在该系的各个班级听课，各个班级主要按照事先确定的教学大纲、教材组织教学内容，让学生做到选择之前心中有数。

最后，为了更好地分层，首先要制作调查问卷发给学生，在两周之后回收问卷，让学生有充分的时间来考虑分班情况。该问卷主要是调查学生在中学时期的数学学习习惯、数学学习兴趣以及根据前段时间的走班听课结合自己的实际情况自己更愿意报哪个班。同时，为了检验学生的适应情况还要制作第二份问卷调查。这个主要为了了解学生进入学校半年以后学习的习惯、兴趣以及对现在教学方式的满意程度进行调查，为下期分班做好准备。

三、分层教学法的实施

（一）各层次学生教学目标的确定

分层教学不是教学目的，而是一种教学措施，分层教学法是在认识到了每名学生都是不同的个体，教育的任务不是抹杀这种差异，而是在适应这种差异的基础上，所做出的最能使学生得到充分的发展的一种措施。从学生差异出发意味着我们制定的教育教学目标应该有差异性，同时如果分层之后还按照相同的内容和方法进行授课那也达不到分层的目的。因此，在我们上课之前就应该针对每一个层次的学生制定相应的教学大纲，教学大纲的制定必须达到中华人民共和国教育部高教司颁布的高校基础课教学基本要求，这是最基本的，对于各层的学生都要达到的。

在大纲中对所列知识提出了四个层次的不同要求，四个层次由低到高顺序排列，且高一级层次要较深要求包含低一级层次要求。出现的四个层次分别为：

一层是了解：初步知道知识的含义及简单应用。

二层是理解：懂得知识的概念和规律以及与其他相关知识的联系。

三层是掌握：能够应用知识的概念、定义、定理、法则去解决一些问题。

四层是灵活运用：对所列知识能够综合运用，并能解决一些数学问题和实际问题。

1.A层学生教学大纲的确定

前面我们已经确定了，该层的学生理解能力与领悟能力均较强。因此，在教学过程中可对教学内容进行扩展，开拓学生视野。课程教学的任务是：（1）使学生从思想观念到思维方法上完成从初等数学到变量数学的转变；（2）全面掌握微积分的基本概念、基础理论和基本方法；（3）为学习各门后续课程和各类专业课奠定坚实的基础；（4）全面培养和提高辩证思维、逻辑推理能力和微积分运算技巧。培养目标确定为提高学生研究水平，满足当今社会对精英型人才的要求。因此，对该层次学生我们的教学大纲相应地确定为以下：

①理解函数的极值概念；掌握用导数判断函数的单调性和求函数极值的方法。

②了解柯西（Cauchy）中值定理；会用罗尔（Rolle）定理、拉格朗日（Lagrange）中值定理和泰勒（Taylor）定理；

③掌握函数最大值和最小值的求法及其简单应用；

④了解曲率和曲率半径的概念；

⑤会用导数判断函数图形的凹凸性及求拐点；

⑥会求函数图形的水平、铅直线和斜渐近线，会描绘函数的图形；

⑦掌握用洛必达法则求未定式极限的方法；

⑧会计算曲率和曲率半径，会求两曲线的交角；

⑨了解方程近似解的二分法和切线法。

对该层学生提出的能力要求是：

逻辑思维能力：会对问题进行观察、比较、分析、综合、抽象与概括；会用演绎、归纳和类比进行推理；能够准确、清晰、有条理地进行表述。

运算能力：会根据法则、公式、概念进行数、式、方程的正确计算和变形；能分析条件，寻求与设计合理、简洁的运算途径。

分析问题和解决问题的能力：能阅读理解对问题进行陈述的材料；能综合应用所学数学知识、数学思想和方法解决问题，包括解决在相关学科、生产、生活中的数学问题，并能用数学语言正确地加以表述。

2.B 层学生教学大纲的确定

该层的学生理解能力与领悟能力均较强。因此在教学过程中可对教学内容进行扩充要求，开阔学生视野。培养目标确定为提高学生研究水平，满足当今社会对精英型人才的要求。因此对该层次学生我们的教学大纲相应地确定为：

这部分学生占总学生总量的大多数，对这部分学生的培养应按大纲要求，以正常速度按部就班进行。采用较为统一的教学安排，着重为学生打下扎实的数学基础，并为将来的进一步地发展创造实力，教学方法着重于提高课堂讲授质量，使学生牢固掌握所学知识。对于该层学生，我们的教学大纲相应地确定为：

（1）理解函数的极值概念，掌握用导数判断函数的单调性和求函数极值的方法；

（2）理解罗尔（Rolle）定理和拉格朗日（Lagrange）定理，了解柯西（Cauchy）定理和泰勒（Taylor）定理；

（3）会求简单的最大值和最小值的应用问题；

（4）会用导数判断函数图形的凹凸性和拐点；

（5）会描绘函数的图形（包括水平和垂直渐近线）；

（6）会用洛必达（Lhospita）法则求不定式的极限；

（7）了解曲率和曲率半径的概念并计算曲率和曲率半径；

（8）了解方程近似解的二分法和切线法。

对该层学生提出的能力要求是：

逻辑思维能力：会对问题进行观察、比较、分析、综合、抽象与概括；会用演绎、归纳和类比进行推理；能够准确、清晰、有条理地进行表述。

运算能力：会根据法则、公式、概念进行数、式、方程的正确计算和变形；能分析条件，寻求与设计合理、简洁的运算途径。

分析问题和解决问题的能力：能阅读理解对问题进行陈述的材料；能综合应用所学数学知识、数学思想和方法解决问题。

3.C 层学生教学大纲的确定

该部分学生基础差、底子薄，因此，对这部分学生的理论要求可适当降低。必要时可增加教学时数，速度不宜过快，可在需要时适当强化初等数学的知识。教学目标提出了以下两方面的要求：一是掌握基本的理论知识；二是可以熟练应用这部分理论知识。因此对该层学生我们的教学大纲相应地确定为：

（1）了解函数极值的概念，掌握用导数判断函数的单调性和求函数极值的方法；

（2）理解罗尔（Rolle）定理和拉格朗日（Lagrange）中值定理，了解柯西（Cauchy）中值定理；

（3）掌握函数极值、最大值和最小值的求法；

（4）会用导数判断函数图形的凹凸性和拐点；

（5）会求函数图形的拐点和渐近线，会描述简单函数的图形；

（6）会用洛必达法则求极限；

（7）介绍相应的数学软件，并能够根据数学软件的特点制作相应的图形。

对该层学生提出的能力要求是：

逻辑思维能力：会对问题进行观察、比较、分析；会用演绎、归纳和类比进行推理。

运算能力：会根据法则、公式、概念进行数、式、方程的正确计算和变形；能分析条件，寻求与设计合理、简洁运算的途径。

分析问题和解决问题的能力：能阅读理解对问题进行陈述的材料；能有较强的操作能力。

4. 各层学生教学大纲的比较

（1）A层与B层学生教学大纲的比较

我们从学生的能力要求来看，其区别主要在对实际问题的处理能力上，这个是和事先确定的各层学生的特点相符合的。从A层与B层学生教学大纲的比较中，可以看到对A层的学生处理实际问题的能力作了进一步的要求，对运算技巧方面作出更高的要求。

（2）B层与C层学生教学大纲的比较

对C层的学生，我们强调的主要是根据具体情况主要让学生了解基本的数学知识，并且能够熟练地运用数学软件的知识进行计算和作图。对于他们，更强调的是实际动手操作能力，而对理论的知识要求要低一点。这个在教学大纲和能力要求上面有所体现。

（二）大中学衔接中的分层教学策略

2001年国务院批准了教育部面向21世纪教育振兴行动计划，该计划是为了实现中国共产党十五大所确定的跨世纪社会主义现代化建设的目标与任务，落实科教兴国战略，全面推进教育的改革和发展，提高全民族的素质和创新能力而制定的。因此，我国基础教育课程改革于1999年正式启动，2000年1月至6月通过申报、评审，成立了各学科课程标准研制组，2000年初步形成现代化基础教育课程框架和课程标准，改革教育内容和教学方法，推行新的评价制度，开展教师培训，启动新课程的实验。2002年3月教育部基础教育司在9个地区向广大教育工作者和专家学者征求意见，对各学科课程标准进一步地修改。7月教育部颁布《基础教育课程改革纲要（试行）》。目前涵盖中小学义务教育18门学科的国家课程标准研制完成。

《中国教育报》2001年7月27日第2版上刊登的"基础教育课程改革纲要（试行）"一文中提到基础教育课程改革的具体目标之一为：改变课程内容"难、繁、偏、旧"和过于注重书本知识的现状，加强课程内容与学生生活以及现代社会和科技发展的联系，关注学生的学习兴趣和经验，精选终身学习必备的基础知识和技能。

从以上的情况来看，中学的改革早在2001年就已经开始，而我们高等学校的改革还是滞步不前的，由于要改变课程内容"难、繁、偏、旧"和过于注重书本知识的现状，中学已经加入了很多大学的知识，并且作为基本的知识要求学生接受，这从高考试题中可以体现出来。以2007年四川省的高考试卷为例，大学的知识基本占到了30%左右。但是我们大学的教材还是沿用的十多年以前的教材，尽管版本有所变化但是其具体的内容基本上没有什么变化。但在这种情况下，我们怎样应对不同层次的学生如何讲解相应的内容是值得我们探讨的课题。朱莹（2005）通过做好学生学习习惯的培养、做好思想认识上的衔接、做好数学知识上的准备、做好学习方式方法上的衔接来说明了大中学的衔接问题。

四、分层教学中的评价

（一）分层评价的原则

1. 发展性

发展性是教学评价最重要的特征。所谓发展，指的是教学评价要改变统一的过分强调评价的甄别与选择的功能，促进学生发展的功能。教学评价不仅要关注学生的现实表现，更要重视全体学生的未来发展，重视每名学生已有水平上的发展。新课程所需要的教学评价应该承认学生在发展过程中存在的个性差异，承认学生在发展过程中存在的不同发展水平，评价的作用是为了促进每名学生在已有水平上不断发展。为此，教学评价应从评价学生的"过去"和"现在"，转向评价学生的"将来"和"发展"。在教学评价中，应对学生过去和现在做全面分析，根据他们过去的基础和现实的表现，预测性地揭示每名学生未来发展的目标，使他们认识自己的优势，激励他们释放自己的发展潜能，通过发展缩小与未来目标的差距。在评价中主张重视学生学习态度的转变、重视学习过程、重视方法和技能的掌握、重视学生之间交流与合作、重视动手实践与解决问题的能力，归根结底是重视学生各种素质尤其是创新精神和实践能力的发展状况。

2. 多元化原则

多元化指的是评价主体的多元化和评价内容的多元化。评价包括教师评价、学生自评和互评、学生与教师互动评价等等，提倡把学生小组的评价与对小组中每名学生的评价结合起来，把学校评价、社会评价和家长评价结合起来。教学评价不再是评价者对被评价者的单项刺激反应，而是评价者与被评价者之间互动的过程，其中，评价活动的重点环节是学生自评。学生应该是主动的自我评价者——通过主动参与评价活动，随时对照教学目标，发现和认识自己的进步和不足。评价成了学生自我教育和促进自我发展的有效方式。

就评价内容而言，分层教学需要的教学评价要求既要体现共性，又要关心学生的个性，既要关心结果，又要关心过程。评价注重的是学生学习的主动性、创造性和积极性。评价可以是多角度的，评价关注的是学生在学习过程中的表现，包括他们的使命感、责任感、自信心、进取心、意志力、毅力、气质等方面的自我认识和自我发展。评价学生的学习不再仅仅依靠成绩，还包括了对和学生学习有关的态度、兴趣、行为等等的考查。用一句话说，就是以多维视角的评价内容和结果，综合衡量学生的发展状况。

3. 多样化

多样化指的是评价方法和评价手段的多样化，即评价采用多种评价方法，包括定性评价、智力因素评价与非智力因素评价相结合等等。在教育评价的方法上，一直存在着两种不同的体系：一种是实证评价体系，另一种是人文评价体系。与此对应，也存在着两种不同的运作模式：一种为"指标—量化"模式，另一种为"观察—理解"模式。两种体系和模式各有其优势，也都存在着局限性。分层教学模式所需要的教学评价则是需要汲取上述两种方法论体系的优点，使之相互配合，互相借鉴，分别应用于不同的评价指标和评价范畴。评价方法应该是：可以量化的部分，使用"指标权重"方式进行；不能量化的部分，则应该采用描述性评价、实作评价、档案评价、课堂激励评价等多种方式，以动态的评价替代静态的一次性评价，视"正式评价"和"非正式评价"为同等重要，把期末终结性的测验成绩与日常激励性的描述评语结合在一起，而不是把教学评价简单理解为总结性的"打分"或"划分等级"。

4. 全面性原则

全面性是分层教学所需要的教学评价的另一个重要特征。所谓全面性指的是教学评价必须全面、全员和全程课程和过程，采用与利用学生各种素质培养及各种技能发展有关的评价信息，全面地反映学生的全部学习、教育的动态过程。全面性强调教学评价的整体性与动态化，即把传统的诊断性评价、形成性评价和终结性评价有机结合为一个整体运动过程。因此，教学评价是在一定的时域内，结合诊断性评价、形成性评价和终结性评价三种形式的评价，不断地循环反复，动态地监控学生接受教育的全过程，把握新课程教育和全体学生各种素质发展的整体状况。新课程下的教学评价把教学过程与评价过程融为一体，最大限度地发挥了评价对于教学活动的导向、反馈、诊断、激励等功能。评价的信息来源不再仅仅局限在课堂，而是拓展到了学生各种发展的培养空间，包括课堂教学、课外活动和社会实践等等。评价也不再仅由教师通过课堂内外的各种渠道采集学生素质发展的信息，而是设计各种评价工具，鼓励学生主动收集和提供自我发展的评价信息。

（二）高等数学评价的具体方法

分层次教学几年的实践告诉我们，在分层次教学的具体实施过程中绝对不能忽视学生的主体地位。用考试成绩简单地一刀切来划分学生的做法不利于调动学生学习的积极性，也不符合因材施教的原则。我们在分层教学的初期基本采用的还是原来的评价方式，这个带来了很多的消极影响。因此，我们正在尝试用其他的评价方式，主要想调动学生学习的积极性，体现因材施教的原则。当然，这种做法还在筹划阶段还没有正式地实行，中间存在的问题还不是很明了。下面主要谈一下笔者的具体做法。为了体现评价方式的多样性，我们采用了灵活多样的测试。从操作性上面来看，我们准备采用的是联机考试和抽签考试。

联机考试。高等数学开设实验课，采用实验课联机考试。考试的主要内容是各章的基本概念、基本知识、基本方法及实验课的基本操作等，试题以客观的形式出现，考试需20分钟，主要考查学生对基本内容掌握的情况，每次记入总成绩。

抽签考试。主要针对实验课学习的内容和需要大量计算的内容进行，我们准备好本学期实验课所学内容的题签若干，学生利用本学期实验课所学的方法、命令来完成各种符号运算和数值运算。高等数学的考试内容包括求极限、导数、微分、积分、微分方程等等；物理系学生的考试内容还包括矩阵的运算、行列式运算、求解方程组、求特征值与特征向量等。学生利用实验课 10 ~ 15 分钟的时间抽签答题。将题签标号和试题答案写在实验报告考试栏内，由教师批阅。根据课程性质不同，各章进行考试次数不一，高等数学一般是在最后一次实验课进行，可根据内容记入总成绩。

从能力方面来看，我们采用的是撰写小论文的形式。

1. 高等数学的能力考试

论文考试。通过对数学课一段时间的学习以后，为使教师及时了解学生学习数学的思想状态，对学习数学的认识以及在学习中遇到的困难，采取让学生写论文的方式，教师每个班准备 20 个数学建模题目，让学生自主合作写出论文。当然，学生也可以自己选择一定的题目来进行论文撰写。在写作的过程中强调格式和论文的写作步骤。论文考试，记入总成绩。

2. 高等数学的期中和作业评价

期中考试。期中考试是对学生前半学期学习成绩的检验，也是对学生学习的督促，尤其是高等数学是学生入大学后第一学期的课程，许多学生还没有适应大学的学习方式，实行严格的期中考试，使学生根据自己的情况及时调整学习方法，抓紧后半学期的学习，期中考试记入总成绩。

作业评价。把平时的作业分为两部分，一部分为基础练习，包括基本概念、基本运算、基本应用等，教师为学生准备统一的作业本，并随时进行批阅；另一部分为简单的应用或建模作业。如，实际问题的解决、数据的调查等等。根据学生的调查、设计和所给出的结论给予一定的平时成绩，两者记入总成绩。

第二节 高等数学探究式教学模式与方法

一、探究式教学概述

（一）探究教学的概念及发展

1.理科课程形成前教育家们所提及的探究教学思想

19 世纪中叶以前的课程在初级水平主要包括阅读、写作和算术，在高级水平阶段主要包括古典文学和语言。教学方法是权威性的，对个人的表现或者独立思考几乎没留有余地。在教授理科时，通常只提供一本教科书，采用的方法也是历史延续下来的传授神学的方式。在这种方式中，科学被认为是神灵对世界运行机制的解释。

那些认为学校课程应包括理科的人士寻找到了一些事例来证明理科至少与较传统的课程同样重要，并积极倡导采取新的教育方法。欧洲教育家作为一个群体，他们更强调学生为中心的教学方法，认为对学习者来说应是以感性知识为基础的独立积极主动的思考，而不是被动的角色。这些方法是反权威的，并强调个人独立理解世界的权利，而不是通过教授权威人士所阐释的神圣教条的方式来进行。他们的这些理念为包括理科在内的学校课程指明了道路，对理科教学的发展起到了积极的作用。

提倡经验调查和实践学习的教育形式，是 17 世纪的教育家夸美纽斯（John Amoes Comenius，1592—1671）。他著的《世界图解》（Oribs Sensualium Pictus）是一本附有插图的儿童教材《插图被认为是对自然世界的展现》，有人认为他是通过这本书把理科学习引入课堂的第一人。尽管这本书并没有形成实质的理科课程，但确实包含了许多科学主题。他认为人的思想源于经验，并应该把孩子周围自然环境中的物质展示给他们。

17 世纪英国的经验主义者约翰·洛克（John Locke，1632—1704），同夸美纽斯一样认为我们所有的思想都来源于经验，并且当思想和具体的客观现实相一致时就是正确的。

在 19 世纪早期，受让·雅克·卢梭（Jean Jacques Rousseau，1712—1781）思想的影响，瑞士教育家约翰·裴斯泰洛齐（Johann Heinrich Pestalozzi，1746—1827）大力宣扬实物教学（Object Lessons）。卢梭认为以一种与孩子的思维发展一致的方式学习自然现象，会产生以前权威教学方法所不能达到的效果。与卢梭如出一辙，裴斯泰洛齐也指出教育要采用非权威的方式，他认为教育的目的是独立自我活动的发展，这种目标要使学生通过主动调查和实验而不是通过教师权威讲授的方式来学习自然世界。教师的责任是确定学生们在不同认知阶段的理解力，适时地把实物展示给学生，导致有意义的学习发生和学生的心智得到发展。

19 世纪早期，另一位欧洲教育家约翰·赫尔巴特（Johann Friedrich Herbart1776—1841），强调观念联结的重要性和让学生们发现观念的联结，而不是直接提供给他们这些内容，如果学生自己发现概念间的联结，那么他们的理解力将更加丰富和有意义。

此外，弗里德里克·福禄培尔（Fredrich Froebel，1782—1852）也强调要尊重孩子的个性和活动的天性。他认为教育的目的是通过对自然世界的学习把孩子的精神和神联系起来。在他的学校，教师积极利用自然物体、讲故事和合作性的群体活动等方式来展开教学，构成其教育实践的基础是对个人第一手经验的尊重。

2. 斯宾塞的理科课程体系与探究教学思想

赫伯特·斯宾塞（Herbert Spencer，1820-1903），英国哲学家、社会学家和教育家，是近代理科教育运动的倡导者，对传统教育的内容与方法进行了猛烈的抨击，为理科教育发展作出了卓越的贡献。

斯宾塞继承与发展了法国思想家孔德（Augste Comte，1798—1857）的实证主义。孔德认为，神学阶段的神或者精神的力量、形而上学阶段看不见的东西都是无法观察的，只有到了实证阶段，人们才达到更为纯粹的理解，是可证实、可测量的现象。斯宾塞在教育论中运用他的"综合哲学"对教育的目的、任务、内容和方法等提出了一系列见解。

（1）理科课程体系的构建

斯宾塞认为19世纪的年轻一代所学的，并不是生活在一个不断增长的工业化社会所需要的最重要的知识。那些曾经创造出世界上伟大的工业化国家的重要知识正在被忽视，当时学校教的内容是纯粹死的东西，教育华而不实、本末倒置的情况很严重。

在他的著作《教育论》的第一章《什么知识最有价值》中，斯宾塞根据人类完美生活的需要，按照知识价值的顺序，把普通学校的课程体系分为五个部分：

第一，生理学和解剖学。这是关于阐述生命和健康规律，使人具有充沛、饱满的情绪，以便直接保全自己的科学。

第二，语言、文学、算学、逻辑学、几何学、力学、物理学、化学、天文学、地质学、生物学和社会学等。这些是与生产活动和社会直接相关的科学。

第三，心理学和教育学。这是关于履行父母责任必须掌握的知识。

第四，历史学。这是为履行公民的责任必备的知识。

第五，自然、文化和艺术。这些是为了欣赏自然、文学和艺术的各种形式做准备的知识。

斯宾塞的课程体系，内容比较广泛，以自然科学知识为重点，且注重对人生的实际用途。大大地冲击了英国传统的只追求"虚饰"的课程体系。

（2）探究教学思想的建立

斯宾塞相信学习科学有利于人的智力发展。从对自然界的观察中得出结论的能力，直接来源所接触的物质环境。斯宾塞提倡把实验看作学生接触物体的一种方法。直接与真实世界相接触，会比只靠抽象口头描述更能使学生获得精确的智力发展。练习从观察中得出结论会培养学生的概括能力，斯宾塞把它称之为"判断"。他指出："只对字面意思的理解不能形成正确的因果推理。那种不断从资料中得出结论，然后通过观察和实验来验证结论的习惯才能做出正确的判断。这种习惯是科学重要的优点之一，而且是必要的。"

在教学过程中，他认为，首先要遵循一定的顺序：第一，知识的传授应从简单到复杂。第二，概念的形成应从模糊到清晰，从不正确到正确；教学内容的排列应先是粗糙的概念，然后是确切的概念和科学公式。第三，从具体到抽象，教师讲授时，从具体实例开始，逐渐进行抽象概括，强调实物教学。第四，从实验到推理，教学中学生反复重演人类掌握知识的次序，先观察、实践、再归纳、推理。因此，教师要重视培养学生的观察能力。

其次，在教学过程中，要实现学生自我教育，反对死记硬背的方法。他认为，科学知识只能通过学生的自我主动性，通过第一手材料和亲自动脑发现才能真正掌握。因此，给他们讲的应该尽量少些，而引导他们去发现的则应该尽量多些。

"人类完全是从自我教育中取得进步的。"他指出，把教育作为一个自我演化的过程有三个好处：第一，它可以保证学生获得知识的鲜明性和巩固性，知识是由于他亲身获得的，就比通过其他途径所获得的知识会更容易内化；第二，这种做法容易使知识转变成能力；第三，它有利于学生勇于克服困难、不怕挫折等优良性格特征的形成。

在教学过程中，斯宾塞积极提倡用探究的方式来学习，认为学生的学习应该是个重视理解的过程，"死记硬背的制度，同那时的其他制度一样，重视的是形式，而不注重所标志的事物。只求把字句重述对，全不管了解它们的意义，为了词句牺牲了内容"。

最后，在教学过程中，斯宾塞强调培养学生愉快的兴趣。"教师要注意引起学生的兴趣，如果硬教给他们一些不感兴趣的和不易理解的知识，就会使他们对知识产生厌恶感。教学方法也应引人入胜，使知识学习成为快乐的事情。"

（3）教育思想简评

斯宾塞把他自己的哲学叫作综合哲学，认为重点在于把个别科学所得到的真理融合为一致的体系。他的教育理论是以其哲学思想为指导的产物。"斯宾塞对于知识的概念的理解是以他哲学的第一原理为根据的，他通常是从他的第一原理推出结论。而科学的方法是归纳的，从实验进行推论。仅仅把理论作为假设，斯宾塞的推理正与此相反。"

斯宾塞受到了功利主义的影响，同时自己提出了社会进化论，并把二者结合起来，形成了自己哲学思想体系以及教育理论。

18世纪末以来，人们赋予教育以不同的功能，认为教育不仅能解决各种社会问题，而且还是实现社会公平、民主，保证社会繁荣与发展的工具。到了19世纪这个观点日益突出，人们认为普及教育是国家建设、政治民主以及经济发展对劳动力素养要求提高的必然结果。当时人们普遍从政治、经济功用的角度论述普及教育的合理性和必要性。

功利主义是杰里米·边沁（Jeremy Bentham，1748—1832）提出的，核心观点是"最大多数人的最大幸福是正确与错误的衡量标准"，其学生穆勒（John Stuart Mill，1806—1873）同意他的上述观点，沁以自利为基础，而穆勒则以人类的社会感情为基础，即和其他同胞和睦相处的愿望，从而将个体道德理论扩展到社会伦理领域。

斯宾塞继承与发展了功利主义的以福利和快乐为宗旨的思想，教育要担此重任，传统的古典、修饰性的教育内容是不合适的。什么知识最有价值，一致的答案就是科学。这是从所有各方面得出的结论。为了直接保全自己或是维护生命和健康，最重要的知识是科学。在为了那个叫作谋生的同时保全自己，最大价值的知识是科学。为了完成父母的职责，正确指导的是科学。为了解释过去和现在的国家生活，使每个公民能合理地调节他的行为所必需的不可缺少的钥匙是科学。同样，为了各种艺术的完美创造和最高欣赏所需要的准备也是科学。而为了智慧、道德、宗教训练的目的，最有效的学习还是科学。

斯宾塞从"什么知识最有价值"这一问题出发，首先从科学知识对人类各项主要活动的指导作用方面论证了科学知识的价值，其次针对当时只有古典文学课程具有不可替代的智力训练功能的观点，详细地论证了科学知识在训练人类理智方面的价值。斯宾塞在详尽地论证了科学知识在人类各项主要活动以及智力训练中的作用后，提出了他的以理科为主的课程体系，对于以古典人文主义为主要教学内容的传统教育来说，这个课程体系无疑是场革命，它冲破了以装饰主义为主要特征的传统教育的习惯势力，使理科占据了课程的中心，改变了长期以来学校课程与社会实际需要相脱节的严重弊端，这对于英国后来的课程改革无疑起了积极的作用，斯宾塞也因此在英国教育思想发展史上占据了重要地位。

斯宾塞从功利的角度出发论证了科学的价值，认为社会是具有一定结构或组织化的系统，社会的各组成部分以有序的方式相互关联，并对社会整体发挥着必要的功能。所以美国社会界认为他是功能主义的创设人。

进化论是斯宾塞教育理论的基础。他的进化论与我们所知道的达尔文（Charles Robert Darwin, 1809—1882）进化论有所不同。他的《教育论》中的 4 篇文章《智育》《德育》《体育》《什么知识最具有价值》先后发表于 1854 年、1858 年、1859 年和 1859 年，而达尔文的进化论发表于 1859 年。

关于进化的原因，斯宾塞不同意达尔文的观点。他曾批评达尔文忽视拉马克（Lamarck）的观点。拉马克认为外界环境作用于生物，生物让它们的功能和结构适应外界环境，这种适应世代相传。斯宾塞采纳拉马克所提出的生物学原理，因此，斯宾塞不是一个达尔文主义者。

斯宾塞所谓的进化和运动并非指事物内部矛盾所推动的发展，而是指外力的推动。他之所以肯定宇宙万物普遍进化，也并非肯定矛盾普遍存在，不是承认任何事物都包含着作为其发展动力的内部矛盾，而是认为在它们后面有一种神秘的"力"在起作用。是由于这种"力"永恒存在，才产生普遍和永恒的进化。所以斯宾塞是一个形而上学的外因论者，他的理论是庸俗的进化论。直到《物种起源》发表后，斯宾塞才改变了自己的看法，改变了他一直认为有机体进化的唯一原因是功能所产生的变化的遗传。

《智育》标志着他所提倡的进化论的一个阶段。他认为，从教育的生物学方面来看，可以把教育看作一个使有机体的结构臻于完善并使它适合生活的过程。每学一堂课，每做一件事，每一次观察，都包含着一定的神经中心的某种分子的重新安排。因此不仅是通过练习使各种官能适合它们在生活中的功能，而且获得用于指导的知识，从生物学的观点来说，都是结构对功能的调节。《智育》一文中提出的许多原则，即以此为其理论基础。

进化论思想在《德育》这一章也作为儿童道德教育的理论基础。"这些指导原则充分表明道德教育如何可以完全理解为情感的性质的演进过程的终结——这个过程，在将来和在过去一样，遵循同样的路线。"虽然，在《体育》《什么知识最具有价值》两篇文章中没有提到进化论，但斯宾塞承认它们的理论基础还是进化论。

斯宾塞所处的年代，是科学大发展的时期，同时科学主义作为一种思潮也随着科学技术对人类生存和发展的重要性而不断增强。在17—18世纪，笛卡尔（Rene Descartes，1596—1650）等人在近代自然科学尤其是牛顿力学的影响下，借用自然科学的理论和方法，来解释一切现象，包括社会现象，这是现代科学主义的开端。当时，包括物理运动在内的各种运动形式，统统归结为能直接用数学方式进行度量的机械运动，并运用力学的方法来解释人类社会的现象。例如，把人的心脏比作钟表上的发条，把神经和关节比作其中的游丝和齿轮。

关于什么是科学主义，有各种不同的理解，归结起来主要包括两个方面：一是认为自然科学知识是人类知识的典范，它不仅是必然正确的，而且可以推广用来解决人类面临的所有问题；二是对科学方法的无限外推，这是科学主义最核心的内容。《韦伯斯特新国际英语词典》把科学主义定义为："一种主张自然科学的方法应该推广应用到包括哲学、社会科学和人文学科在内的所有领域的观点，是一种坚信只有这种方法才能有效地用来获取知识的信念。"

19世纪，随着科学技术的发展及其带来的日益富足的生活，人们对科学技术支持持更加乐观的态度，相信科学技术能解决人类一切问题。因此，科学主义思潮得到了迅速发展。以孔德、斯宾塞等人为代表的实证主义极力强调自然科学及其方法的作用，孔德把人类思想发展分为神学、形而上学和科学三个阶段，认为人类思想在经过理想的神学阶段、超验的形而上学阶段之后，正在进入实证的科学时代。在这个时代里，通过经验证实的科学是一切知识的准绳，也是认识的最高成就。

在19世纪，科学主义思潮对工业社会的教育发展产生了深刻的影响，并导致了各种以科学主义为思想背景的教育思想的产生和发展。斯宾塞适应时代发展的需要，大力讴歌科学知识的价值。

目前，我们认为斯宾塞是"科学主义者"或者"功利主义者"，原因是他是从科学的实用和功利的角度出发的，提出了科学是最具有价值的论断，并且倡导在理科教学中教授科学方法。

我们现在使用"科学主义"通常是个贬义词。如果从贬义的角度来理解斯宾塞，似乎有些不公平。一方面，他虽在理科教学中强调教授科学方法，但不能就认为他是科学主义的一个表现，这就有失公允了，因为倡导科学方法与把科学方法无限外推完全是两回事情。如果学习理科仅仅是知识的累积，而不掌握作为科学核心的科学方法是没有道理的。另一方面，也是最重要的，在当时的英国社会，科学技术对社会的各个方面产生了巨大的积极的意义，而当时的学校对此却非常冷漠，对社会发展的核心力量熟视无睹，大力宣传科学的力量本身并没有什么过错。评价一个人的贡献应该放在具体的历史背景下展开，虽然斯宾塞的论断有些偏颇，但他的思想更具有积极意义，至少给他戴上"科学主义"的帽子，不应该是个贬义词。因为，在一个缺乏科学知识、科学方法的时代，大力宣传科学的价值没有什么不好。

3. 杜威"做中学"的探究教学思想

（1）迎合社会：从关注知识到关注过程与方法

20世纪早期，美国的移民、工业化和城市化、犯罪与贫困等社会问题使社会发生了快速的改变，教育的社会应用性成为教育家关注的主题。美国教育大约从1917到1957年处于进步主义时期，进步教育家从开始就反驳传统的内容和方法，支持学习内容与社会相关，并强调训练学生解决生活中问题的方法。

在进步主义时代，在强调知识与强调知识对学生生活应用之间存在着争论。在进步主义最开始的阶段，坚持理科教育的重要目标是科学知识的实力占据了上风。

中等教育重组委员会（Commission on the Reorganization of Secondary Education，CRSE）于1918年发表了题为《中等教育基本原则》（Cardinal Principles of Secondary Education）的报告。随后（1920年），理科委员会提交了题为《中等学校理科重组》（Reorganization of Science in Secondary Education）的报告。CRSE阐明所有的学校科目，既是学术的又是职业的。教育的总体目标是使青年人有效地对社会有准备，也就是他们称作的"为了所有青年人的完全的有价值的生活。"

为了有效地为民主社会作准备，教育应包含七个目标：①健康；②基本过程的掌握；③值得尊敬的家庭成员；④职业；⑤公民；⑥闲暇时间的有价值的利用；⑦道德品质。这些计划的完成将为成为良好的公民、良好的家庭成员、进行创造性的工作以及为稳定的社会做准备。教育的主要目标是发展感到幸福和为社会做贡献的个人。

在他们报告中，理科委员会依据七项基本原则中的六项，维护了课程中理科存在的必要性，但没有涉及"基本过程的掌握"这项原则。所涉及的科学方法不是为了心智训练，而是作为解决社会问题的方法被教授。

在当时，在以科学知识为主要目标的理科教育中，科学方法仅仅是附属物。然而，贯穿进步主义时代，从社会的应用来组织学习主题的观点是非常强烈的，同时也强烈认为科学方法是解决普遍社会问题的途径。

虽然许多19世纪的学者已经提倡作为获得科学知识途径的科学过程的使用，但科学方法作为理科教育目标直到20世纪后才被认同。在1890，亨利·阿姆斯特朗（Henry E.Armstrong）修订了理科教学的启发式方法，提倡尽可能使学生处于发现者的地位，要求他们去发现而不是被告诉有关事物的知识。从弗朗西斯·培根到阿姆斯特朗认为是培根的归纳主义科学哲学向教学方法应用的转变。

1938 年，进步主义代表杜威（John Dewey，1859—1952）的反省性思维的过程被标明为五个阶段：①在问题确定后，产生困惑感、需要感，受挫感随之出现；②尝试性假设的"产生"；③实验和论述假设；④设计更多地和严谨的实验；⑤找到满意的解决问题的途径并采取行动。

1945 年，进步主义协会出版的《自由社会中的普通教育》为科学方法作为理科课程的目标提供了进一步的支持。哈佛委员会强调心理过程而不是逻辑，强调在自然环境中解决问题过程中的科学方法。这个报告同时认为：以广泛的、具体化的概念来表述科学知识以及用跨学科的方法来教授科学知识是理科教学的目标。

科学方法在 1947 年的 46 期 NSSE 年鉴《美国学校的理科教育》中又重新进行了论述，包括问题解决技能、使用工具技能、公正无私的科学态度、诚实、欣赏科学和对科学感兴趣。有关科学态度方面的议题在理科课程中占较大的内容。在理科教学过程中，不仅要关注学生智力的发展，同时必须觉察到科学的发展对社会所产生的影响。

在 20 世纪 40 年代，科学方法目标以各种形势稳定地出现在一些专业文献中。第 55 期 NSSE 年鉴中的《重新思考理科教育》也强调作为科学过程特征的探究的重要性：认为获得知识的探究的科学方法现在已经成为文化的一部分。

到进步时代末期，传统的强调知识的获得目标仍被坚持。科学方法作为理科教学目标被讨论，但主要作为提供给学生解决社会问题的模式的一种方法被讨论。至此，学习科学方法已经从早期强调智力训练转变成对社会相关问题解决能力的重视。

（2）杜威探究思想述评

进入 20 世纪，哲学与现代科学的竞争日趋激烈。"1900 年前后，哲学面临着严峻困难的挑战，自然科学与实证主义，经验主义和感觉论联手，要置于哲学于死地而后快。"杜威认为，近代以来的哲学陷入危机的最终原因是哲学一直所固有的"二元论"思维方式。

在进步主义时期，杜威对理科的贡献是很多的，他对"儿童中心论""经验""从做中学""科学方法"等进行了论述，这与他对科学的理解密不可分，他的理念对当前的理科教育也有重要的借鉴意义。

"在教育史上既能提出新颖教育哲学，又能亲见其事实之获得成功者，杜威是第一人。"杜威的实用主义哲学再次使教育者确信教育应以学生为中心并反映当时的现实。

杜威所在的美国时代，科学的迅猛发展以及政府对科学的积极态度，使他深受实用主义的影响，坚信实证科学，将真理奠基在可靠的证据上。同时，杜威也深受达尔文进化论的影响。

（3）工具意义上的科学

杜威认为科学的本质是认识自然世界的工具。"科学是一种工具、一种方法、一套科学体系。与此同时，它是科学探究者所要达到的一种目的，因而在广泛的人文意义上，它是一种手段和工具。"他把科学以及科学研究放在人类背景下来讨论，具体来说，科学是具有双重意义的工具：第一，生产物质的工具，它被转化为技术应用于物质生活领域；第二，是生产思想的工具，它被作为一种实验探索的方法、一位科学家在实验室中表现出来的程序。

杜威对科学本质所持有的是一种工具主义的看法，这与杜威的工具主义哲学观是分不开的。在认识论和方法论上，杜威把他的实用主义称为"工具主义"。他把思维的功能归结为控制环境的工具认识论。"概念、理论、体系无论如何精细，如何首尾一贯，都必须看作假设，这就足够了。它们只能作为检验它们的行动基础来接受，而不是结局。它们是工具，和所有工具一样，它们的价值不在于它们本身，而在于它们创造的结果所显示的性能。"

在杜威看来，不仅科学方法是工具，就连同概念、理论都具有工具性。并且，"在时间先后和重要程度上，把科学作为方法的看法优于把科学作为事实材料的看法"。杜威还相信，科学方法的普遍使用可使人类的生活得到改善。"我意识到，我对科学方法的强调也许会引起误解，使得大家只想到专家在实验室的研究工作中所引起的专门技能。但是，我强调科学方法的意图与专门化的技术很少关联。它的意思是，科学方法是可以用来了解我们生活其中的世界的日常经验的意义的唯一可靠的方法。科学方法提供一种工作的方式和条件，在其中，经验是永远向前和向外扩展的。"

推崇近代科学的方法，杜威并不是停留在操作层面上，而是在科学体现一种新的精神与态度、瓦解旧的信念、树立新的信念基础上的。与其说杜威注重科学方法，不如说他崇信的是近代科学在实验方法上对传统思维方式反叛的思维品质。因为近代科学的发展的核心推动力量是依靠怀疑、探究、假设的精神才得以发展起来的。杜威对科学方法推崇的核心放在怀疑和假设上，他所说的"科学方法"或者"实验方法"主要是他的思维五步法。

（4）实验性经验及其意义

杜威认为，西方传统哲学都把经验看成"零散的感受"、粗糙的知识和片面的肤浅的知识。经验绝不是经验论所认为的那样，仅仅是一些不涉及人的行为和价值的一种冷冰冰的事实。相反，人的经验渗透了人的情感、价值和理性。"经验"就是人们生活的过程，在这个过程中人们的所作所为、所思所悟和所见所闻的全部构成了经验的内容，它是一个浑然的整体，不可分割。这样对"经验"的界定否定了传统二元论的"主体／客体""知识／行动""理论／实践""精神／物质"与"事实／价值"。"经验"不仅仅局限在认识的领域，还具有更广泛的内涵。

传统的认识论以笛卡尔为代表的近代哲学中，认识的对象是固定不动的。人只有被动地接受，是一种旁观者式的认识论。所谓的认知不过是像摹本一样静止地摹写着世界，像镜子一样不动地反映着世界。在这种旁观者式的认识论假设的支配下，许多近代哲学发展到科学之外的其他领域。在这种旁观者式的认识论假设的支配下，许多近代哲学家包括康德（Immanuel Kant，1724—1804）都认为，一切科学的认识均应该起源于所谓的感觉，这也就是许多人把现代科学称之为"经验科学"的一个主要原因。但对杜威而言，现代科学并不是一种从感觉或观察开始的抽象理论，而是一种从问题开始的探究行动。现代科学家们总是要首先确定问题的情景，然后才会展开其科学的思考，如果没有这种作为一种难题的情景的存在，一切科学思考都无从谈起，而现代科学作为一种探究行动的目标，也就是要解决人类社会生活处境中的难题，即把一种迷惑的、纷乱的困难的情景转变成一种澄清的、一致的稳定的情境。在杜威这里，现代科学就不再是那种对所谓的感觉、印象等传统经验论意义上的经验进行搜集、观察和反思的理论，而是人类生活中的一种解题行动。

实验性的认识理论是不同于知识的旁观者理论。实验主义者不把知识的对象理解为固定不变的外部世界，而是意识到认识者就存在于外部世界之中，因此探究使不同的存在者之间发生互动，并对现实世界进行重新引导和安排。也就是说，知识的对象不是固定的外部实在，而是改变了的情景。因此，成功探究的结果就不是传统意义上的知识，而是被证实了的假设、被确认的论断以及能成功探究未来且不断增长的能力。

现代科学作为一种探究行动的最基本特征就是其"实验性"，在杜威看来，现代科学作为一种经验科学所涉及的"经验"其实并非一种"经验性的经验（experience asempirical）"，而是一种"实验性的经验（experience as experimental）"。在现代科学中，经验本身在某种形式下已经变成实验性的了，现代科学的探究行动是有意地使经验发生变化，使经验人为地变成实验性的，现代科学家都不再是那种坐在书斋里被动地通过感知来提炼知识的理论家或者叫某种意义上的哲学家，而变成了一种主动地在实验室里人为地去造成经验的变化，并控制这种变化以获得科学所需要的知识的实验工作者。因此，没有"实验"也就没有现代意义上的科学，现代科学就是通过"实验"来获取知识的，而现代科学由于在探究行动中采用了实验的方法，从而把现代科学探究行动中所处理的事物由对象转变为一种素材。因为在现代科学的实验中没有任何东西是最后完成的，一切事物都只能是作为素材而存在，而所谓素材指还需要进一步解释的题材。在这里，杜威明确区分出了古代科学与现代科学两种完全不同的科学态度：一种态度是接受人们观察到的对象，把它们当作终极的，当作自然过程的顶峰；而另一种态度是把它们当作思考探索的起点。在杜威看来，前一种态度是传统哲学中固有的"绝对主义（absolutism）"的态度，而后一种态度则是他一生都在大力提倡的"实验主义（experimentalism）"的态度，杜威认为，这两种态度之间明显的差异是一种远超过科学态度上的差别，它标志着一种在整个生活精神方面的革命，如果我们把我们周围存在的事物，我们所触到、看到、听到和尝到的事物都看作一些疑问，必须对它们求得答案（寻求答案的方法就是有意地引进变化），就需要把目前的对象转变成为一些新的对象，以便更好地满足我们的需要。

因此，经验是一种生物和环境之间交互作用的关系。杜威把它称之为主动和被动的关系，是一种交互作用。经验在经验过程中并不创造被作用的事物，但是经验过程却以特殊的方式改变着被经验的事物。杜威受达尔文生物进化论的影响，用生物学的观点来论述经验。他认为人是自然界的一部分，但又是非自然的因素，作为生命有机体，他和环境发生相互作用，这种作用包括本能的适应能力和行为的改造能力。经验就是人和环境相互作用的统一的整体，是它们之间的主动关系，即人的遭遇和行为的过程。人在本质上不仅仅是内在于环境的动物，而且依赖于环境。因此，环境并不是一种严格的外在于人的实体，人就是环境的一部分。人生活在环境之中，环境也不是静态的，它是过程性的、易变的和动态的。

杜威强烈地支持在理科教学中提倡经验方法，在经验和科学知识间调和的心理学步骤是科学方法。他指出理科教学最终目的是使我们清楚什么更能积极地使用思想和智力。这样，对杜威来说，科学方法是获得科学知识的途径，并且理解科学方法也是理科教学的一个重要目标。

杜威认为探究不只是主观的意识活动，而是一个人与环境、精神与物质相互作用的过程，这一过程是人、环境与行动的统一。他认为科学方法实际上是经验自身的逻辑，尽量利用科学方法，以促进正在生长扩展的经验的种种可能性的发展。这使他从根本上和"为了科学而科学"的科学主义划清了界限。归根结底，杜威所讲的科学方法是存在论意义上广义的方法，而不是技术意义上狭义的学术方法。

探究式的认识在本质上是试验性的，所以在杜威看来，认识论所关心的不是"知识"，而是"认知"，是对有问题的情景所作出的改变行动，是一种探究的过程。在探究中，假设尤为重要，它通过实验来检验，失败的假设会被修改或被放弃，成功的假设则被证实，但并不被接受为对"真理"所作出的固定的永恒的描述。成功的假设可以暂时地作为对进一步探究的引导，但通常是可以修改的、可错的、需要通过未来探究的检验。

（5）崇尚科学主义及其弊端

历史上的理科教育中，除了斯宾塞以外，另一个被认为科学主义者的是杜威。19 世纪末 20 世纪初，由于科学技术创造了丰富的物质财富，给人类带来了巨大的经济利益，使得人们对科学的崇拜之心与日俱增，认为科学无所不能，可解决人类的一切问题，一切理论都要通过作为共同语言的物理学语言统一起来，坚持认为只有科学方法才是有效地认识世界的唯一方法。因此是一切人类思维的楷模，人人都应当掌握。身处在这种"科学主义"之风盛行社会的杜威，认识到科学方法比科学知识更重要，并力图把它扩展到科学之外的其他领域。为此就需要把科学方法引进课程与教学，对学生进行科学方法训练，以培养能有效应用科学方法的公民。

杜威根据他的实用主义工具论的哲学思想，以社会为背景，认为科学知识（事实和定律）是工具。杜威对科学方法的重视，并不是主张在理科课程中进行，而是从日常经验中的事物开始，因为他认为科学方法在任何领域中都有效，那么，在日常生活的情景和现象中进行科学方法的训练，一方面，达到了训练科学方法的目的；另一方面，学生学到的科学方法更容易在日常生活中得到应用。利用科学方法和科学思维可以解决经济、道德等社会各个方面的问题。杜威认为，衡量有效理科教育的标准，要从大众在处理所有事情时接受和采用科学方法指导的程度上去寻找。他认为"人类文明的未来取决于科学思维习惯的广泛传播和深刻掌握，因此我们教育中的问题，是如何使这种科学思维习惯成熟和有效"。

杜威的科学主义与那个时代密不可分。"那些欣赏自然科学的威力和成功的人士以及那些希望把这些领域成功的方法应用到社会科学和行为科学当中去的人们，都有一个特别的动机，仔细分析一下使得自然科学获得成功的方法。自从社会科学家和行为科学家作为自觉的'科学的'事业以来，社会科学家和行为科学家以及某些科学哲学家，就坚持认为这些领域相对于自然科学领域之所以取得较少的成功，恰在于没有正确地体认和贯穿自然科学的方法。"但杜威对科学方法的重视走到了一个极端。一方面，他和同时代的一些人一样，对科学尤其是科学方法无限地崇拜，成了"科学万能主义者"；另一方面，在教学中，脱离理科教学内容，以日常的生活为题材进行科学方法的训练，导致学生学习质量较差。

在杜威的教学理论中，过分强调"儿童的中心地位""做中学"等观念，造成了学校里的学生学习质量较低，很快就被称为挑战苏联卫星上天而引发的理科教育现代化运动，理科教育发展上一般把美国20世纪中叶进行的理科课程改革称之为"理科现代化教育运动"。虽然，杜威在反叛传统教育上存在着矫枉过正之处，但杜威对科学本质的认识，如把科学放在人类社会发展的大背景下来展开讨论；对传统认识论上的"二元论"的批判，强调学生在"行动"中经验的获得，与情景的互动以及对科学方法的重视。这些对我们今天的理科教育改革仍具有重要的影响力。

科学可按照它的研究对象由简单到复杂的程度分为上、中、下游。数学、物理学是上游，化学是中游，生物学、医学、社会科学等是下游。上游科学研究的对象比较简单，但研究的深度很深。下游科学的研究对象比较复杂，除了用本门科学的方法以外，如果借用上游科学的理论和方法，往往可获得事半功倍之效。所以"移上游科学之花，可以接下游科学之木"。如果把上游科学的花，移植到下游科学，往往能取得突破性的成就。

同其他领域相比，科学取得了巨大的成功，这种成功主要源自科学方法的发展与应用。利用自然科学的方法对解决其他领域中的问题是具有重要借鉴意义的。但在解决问题中，要考虑本领域的特殊性，杜威这种对科学以及科学方法的极端做法，对学生正确认识科学是不利的，对社会发展也是不利的，实际上，这种对科学主义的倡导，很有可能不但没有起到宣传科学的效果，反而会适得其反。

（二）高等数学探究式教学模式的界定

广义定义：泛指学生自己采取类似于科学研究的方式主动探究的学习活动。

狭义定义：在教师引导、帮助、调控下，学生自主地以《高等数学》教材和实际问题为自学素材，以问题为载体和切入点，在一种准科研的情境中，采取科学研究的方式通过收集、分析和处理信息来实际感受和体验知识的过程，从而掌握知识、学会学习，培养分析问题、解决问题的实践能力和探究、创新精神的学习模式。

基于问题解决的探究式教学是指在教学过程中，以问题研究为手段，以全面掌握和熟练运用所学知识解决实际问题为目的，强调师生互动，充分发挥学生的主观能动性、创造性的一种教学方式和教学理念。基于问题解决的探究性学习的本质是以培养学生的问题意识、批判性思维的习惯、生成新知识的能力、协作学习的品质为目标，注重学习者在学习过程中实现主体性的参与，突出强调以问题为中心组织整个教学和学习过程。

基于问题解决的探究式教学的特征，问题解决的探究式教学所强调的是学习方式的改变，即改变那种偏重机械记忆、浅层理解和简单应用的学习方式，帮助学生主动探求知识，注重学生对所学知识和技能的实际应用能力的获得，重视培养学生的问题意识、批判性思维的习惯以及学生兴趣的满足和能力的提高，关注学生的情感体验、意识态度、意志品质的培养，以提高学习者的实践能力和创造性思维为最终目的。提高学生的共性发展、体现人格上平等的同时，还要注意不同学习水平的学生和不同思维类型的学生在学习能力上的个别差异，以不同的要求、不同的措施，实现教师与学生、学生与学生之间的多向交流，使不同的人在数学上得到不同的发展。

二、高等数学探究式教学实践

（一）以问题为研究中心，建立探究式教学体系

《高等数学》是工科院校和高等师范院校理科的一门重要公共基础课，其教学质量直接影响学生后继课程的学习，进而影响毕业生的质量。当前，学生学习高等数学普遍存在不善于思考，不会发现问题，对理论理解不够透彻，只注重对公式的记忆和套用，不会灵活地运用新知识解决新问题等现象。这些现象和问题的存在，说明原有的讲授式教学模式没有充分地调动学生的主动性和创造精神。改讲授式为探究式，探究和讨论前有针对地搜集、精选、分类和编制经典问题，并精心设计问题的难度，采取先易后难、分层递进模式，利用不同层次的问题，针对不同的学生激发学生的学习兴趣，是解决上述问题的关键。

1.基于问题解决的探究式教学的基本思想

在《高等数学》教学中，提出问题、解决问题和理性思维是其中最基本的方法，亦即学生在教师的引导下，围绕特定的问题，采用探究的教与学的方式，基于问题解决来建构知识。为达到上述要求，笔者根据《高等数学》的学科特点，将课堂教学过程进行优化处理，把教学活动中教师传递学生接受的过程变成以问题解决为中心、探究为基础、学生为主体的师生互动探索的学习过程。其中教师既是学习活动的引导者，也是一名普通的合作学习者，与学生一起互动探究，以教材为凭借，引导学生走向未知领域，促进学生个性的充分发展，从而影响学生的情感、态度和价值观。

2.基于问题解决的探究式教学的基本结构

探究式教学的具体操作程序可归纳为"问题引入——问题探究——问题解决——知识建构"四个阶段。

（1）问题引入阶段

教师从学生的认知基础和生活经验出发，按照教学内容设计问题，创设富有挑战性的情境，提出要解决的问题，使学生明确探究目标，同时激发学生探究学习的积极性与主动性。

（2）问题探究阶段

学生以原有的知识经验为基础，用自己的思维方式提出解决问题的一些初步想法，自主地学习和解决与问题相关的内容，自由开放地去发现，去创造。问题探究的目的，不仅在于获得数学知识，更在于让学生在探究、分析、讨论中，充分展示自己的思维过程及方

法，揭示知识规律和解决问题的方法、途径，学会相互帮助，实现学习互补，增强合作意识，提高交往能力。在这个阶段，教师从单纯的知识传授中解放出来，成为学生学习的引导者、组织者、推动者和学习方法的指导者。

（3）问题解决阶段

教师通过询问、答疑、检查，及时了解、掌握学生的学习情况，针对重难点和学生具有共性的问题，进行有的放矢的讲解，尽可能地引导学生深层次的思考和再次交流讨论，引导学生将探求出的结论抽象成一般结论并对学习的内容与解决问题的方法进行概括总结，使新知识在原有的基础上得到巩固和内化。

（4）知识建构阶段

教师适当作一些关键的点评，引导学生有意识地回想问题的解决过程，帮助学生对自己或他人的表现做出评价。在这个阶段，为检查学习的效果，应让学生讨论解决其他相关的问题以及完成一些相应的课外作业，使每一个学生都能灵活运用所学的知识，都能拓展思路，体验成功和探索创新，从而提炼和升华思维，建构起自己的知识体系，达到意义的建构。在上述教学模式的教学理念指导下，可以采取多种教学形式，灵活应用。从教学方式方面来说，可以以科学知识为主线，插入具体问题和实际背景资料，也可以以问题和应用为中心逐步渗透科学知识与科学概念，从应用范围来说可围绕某一问题进行整个单元内容的教学，也可以用于教学过程的某一环节。

（二）探究式教学模式的实践

1.合理设计教学梯度设计探究题目

因材施教是教育必须遵循的原则，任何脱离了学生的基础和接受能力的教学都是失败的。学生只有跟得上老师的思路才能配合老师搞好教学，这就要求教师必须了解学生的基础、掌握教学大纲，熟悉教材，这样才能把握教学的中心，突出重点，并通过设计合理的教学梯度、分散难点，设计合理的探究题目和内容，使学生在老师的引导下，积极思考，师生互动，达到教与学的共鸣。

2.精讲多练

练习是学习和巩固知识的唯一途径，目前学生课余时间十分有限，如果将练习全部放在课后，时间难以保障。此外，对于基础较差的学生，如果没有充分的课堂训练，自己独立完成作业很困难，一旦遇到的困难太多，就会选择放弃或抄袭。因此，精讲教学内容，腾出更多地时间做课内练习是十分必要的，这不仅有利于学生及时消化教学内容，而且有利于教师随时了解学生掌握知识的情况，及时调整教学思路，找准教学梯度，使教与学不脱节，保证教学质量。

3.密切知识与物理背景和几何意义的联系

几乎每一个高等数学知识都有它产生的物理背景和几何意义，让学生了解每个知识点的物理背景可以使学生知道该知识的来龙去脉，加深对知识的记忆和理解，知道其用途。

而几何意义则可增强知识的直观性，有利于提高学生分析和解决问题的能力，因此在教学中无论在知识的引入还是在知识的综合运用中都要与它的物理意义和几何意义紧密结合起来。这样便于学生接受和理解教学内容，提升数学素质。

4. 加强实验教学环节

着眼于工科和师范生的培养目标——应用型人才，对于数学理论的推导和证明可以适当弱化，以掌握思想方法为目标，但动手操作能力不能打折扣。让学生通过数学实验可以充分体验到 Mathematica 软件突出的符号运算功能、强大的绘图功能、精确的数值计算功能和简单的命令操作功能，认识到当今如此称颂的"高技术"本质上是一种数学技术。数学向一切应用领域渗透，当今社会正在日益数字化，数学的直接应用离不开计算机，作为工具，对于工科学生最重要的是学会如何应用数学原理和方法解决实际问题，如果没有一定的数学基础，学好任何一门专业都将成为空话。

要把理论教学和实验教学有机地结合起来。例如，我们在理论课教学过程中经常遇到一些抽象的概念和理论，由于不易把图形画出来，就不能利用数形结合的手法加以直观化，致使学生难以理解，而数学软件有强大的绘图和计算功能，它恰恰能解决这些问题，因此在实验教学中，不仅要讲基本实验命令，更重要的是要选择一些有利于学生理解微积分理论和概念的实验让学生去做，将理论教学和实验教学结合起来，让学生带着问题去实验。

（三）探究式教学在数学教学中的实施步骤

1. 由浅入深，问题预设

探究式教学是围绕问题开展的，教师需要根据教学内容和教学目的，预先提出一组难度适中、逻辑合理、由浅入深的问题，来帮助学生明确每一步探究的具体目标。其关键在于设置的问题既要符合学生的认知水平，又要具有一定的挑战性，才有助于培养学生的创新意识。如果探究目标难度过低，探究过程只是对已有知识的低水平重复，会使学生觉得乏味或产生骄傲自满的情绪。如果探究问题难度过大或过于笼统，与学生已有认知结构相差过远，又会使学生觉得茫然甚至产生自卑心理，最好能把握在"跳一跳就能够摘到桃子的状态"。

2. 创设情景，问题引入

在引入这一系列问题的时候教师要创设问题情境，引导学生从实际问题中归纳数学问题，培养学生的问题意识。例如在曲率小节中，教师可利用多媒体课件引导学生观察火车轨道的弯曲程度、拱桥主拱圈的弯曲程度、钢梁构件的弯曲程度等生产生活中常见的实例，从这些实际问题中归纳、抽象出要研究的数学问题"曲线的弯曲程度如何度量"。这一环节是帮助学生认识数学理论的现实基础，提高学生的学习兴趣，加深知识理解深度的关键。如果忽略这一环节，直接进入知识传授阶段，会将数学知识孤立于现实问题，使学生产生"数学知识脱离实际、应付考试就没用"的错误认识。这不但会降低学生的学习兴趣，更重要的是，会忽视培养学生理论联系实际、学以致用的能力。

3. 开放课堂，问题探究

引入问题之后，教师应为学生提供相应的资料，鼓励学生大胆运用类比、归纳、猜想、特殊化、一般化等方法去寻找解决问题的策略，探求数学问题的解决趋势和可能途径，提出解决问题的初步想法。这个过程可以由学生单人完成，也可以由多个学生共同讨论完成。同时教师应通过提问，答疑等方式及时掌握学生的探究情况，适时点拨，引导学生提出自己的想法。当学生们持有不同结论时，教师应认真听取学生对所持结论的解释，给予指正和帮助。该环节的关键在于正确处理教师的主导性和学生的主体性的关系，做到既不放任自流，让学生漫无边际去探究，也不过多牵引。

例如在曲率单元中，教师首先引导学生观察两段弧长相等的曲线弧，交由学生自主探究切线转过的角度与曲线弯曲程度的关系。当学生提出切线转过的角度越大曲线弯曲得越厉害时，教师应给予鼓励和肯定并及时总结为曲线的弯曲程度与切线转过的角度正相关。其次教师再引导学生观察两段切线转过角度相等但弧长不相等的曲线弧，当学生提出弧长越小的曲线弧弯曲得越厉害时，教师应及时总结为曲线的弯曲程度还与弧长负相关。教师不再是单一的知识传授者，而是学生学习的组织者、指导者、推动者。

4. 归纳总结，问题解决

引导学生总结梳理上一环节中单元问题的结论，有逻辑地归纳解决方案或创新性地构建概念、命题，然后举例检验解决方案或概念、命题的合理性。

例如在曲率单元中，在学生得出曲线的弯曲程度既与切线转过的角度正相关又与弧长负相关这两个结论后，教师继续引导学生综合考虑这两个结论，提示学生类比"平均速度"概念，利用它既与位移正相关又与时间长度负相关的特点，引导学生联想到使用曲线弧上切线转过的角度与弧长的比值度量曲线的弯曲程度，得到"平均曲率"的概念。然后教师可提供几个实例，由学生自己检验用"平均曲率"度量曲线的平均弯曲程度是否合理。例如，学生可以简便地计算出直线的平均曲率为零，圆的平均曲率为半径的倒数——这都与我们的直观感受"直线不弯曲""半径越小的圆弯曲得越厉害"相吻合。这一环节的重点在于培养学生的逻辑思维能力、归纳能力和创新精神。

5. 数学表达，知识建构

通过前面几个环节，学生已经初步建立了新的认知结构，但是由于概念、定理往往是由具体问题引入的，而且低年级大学生的抽象概括能力和数学语言表达能力并不是很强，这就使得学生难以把探究出的概念和结论上升到理论阶段。

在这一环节，教师可以作为主导者，为学生演示如何为探究出的概念给出简单的数学定义或者为猜想出的命题给出准确阐述、严格证明。以曲率单元为例，要描述曲线在某一点处的弯曲程度使用"平均曲率"是不够的，教师可以用"平均速度"与"速度"的关联启发学生，引导学生运用极限思想得出"曲率"的概念。之后教师为"曲率"给出严格的数学定义，让学生熟悉并学会使用数学语言，然后引导学生找出本节知识与前后知识的联系，梳理总结知识体系，使新知识在原有的基础上得到巩固和内化。

6. 重视运算，巩固新知

对大多数理工科学生而言，他们期冀将数学作为研究的工具，因此理解算理、讲求算法的优化是高等数学的教学重点。为了解决学生在做计算题时盲目套公式，不能灵活、综合使用多种计算方法这一问题，在本阶段教师应当提供几个适当的例题，一题多作，来引导学生分析比较各种计算方法在不同情况下的优劣，通过这种练习培养学生灵活运用知识的能力和习惯。

三、高等数学探究式课程教学评价

（一）构建探究式教学课程评价指标体系应遵循的原则

1. 有效性原则

即探究式教学课程评价指标体系的效度，是指探究式教学课程评价指标体系所能反映实际教学的程度，也就是说评价指标体系要尽可能最大程度上地衡量实际教学。

2. 可靠性原则

即探究式教学课程评价指标体系的信度，是指评价指标的一致性程度，也就是说不同的评价主体在不同时间，对同一个人进行评价所得出的结论应具有一致性。

3. 区分度原则

即指探究式教学课程评价指标体系能够区分好的教学和差的教学的程度，这要求指标体系中各项指标之间是相互独立的，避免重复性指标，另外指标的权重和评分标准要设计合理。

4. 明确性原则

即指标的描述和阐释要清晰、明确，避免产生歧义和理解错误。

5. 可接受性原则

即探究式教学课程评价指标体系应是被评价者普遍接受和认可的，被评价者认为该指标体系具有公正性，并符合和尊重高校教学规律与高校教学工作特点的。

6. 实用性原则

评价系统的设计和实施都要花费人力、财力和物力，因此在构建探究式教学课程评价指标体系时要考虑成本效益原则。指标体系的设计最好简明，便于理解和操作，不能过于繁琐、复杂，尽可能以最低的花费，取得最大的成果。

（二）探究式教学课程评价指标的构建

探究式教学课程评价最主要的目的不是为了证明惩罚，而是为了诊断改进。因此，探究式教学课程评价指标应从常规性转向多样化；学生学业评价的主体由单一的教师评价转向教师、学生本人、同学等多元化的评价主体；教师教学效果的评价由他评主体转向他评和自评相结合的多元主体；评价模式由奖惩性评价转向发展性评价，使考核评价成为一个继续学习的过程。

统一的评价方法有可能阻碍教育教学的创新，不考虑学科特点一味在各种类别的课程中寻求普适性或妥协的评价指标，也会使教学评估失去促进教学工作改进的针对性。评估类别划分所有课程的特点和教师不同的教学风格，过细的评估分类也会使质量评价及比较失去意义，因此在研究中产生的量化评价表一定要与相应的质性评价相结合使用。

1. 探究式教学课程评价指标的提取

评价指标是由参与实践的师生共同商讨产生的。由于探究式教学课程的实践性，其评价内容主要包括师生课堂表现和探究式教学课程作品评价。评价主体对这些指标分配权重并给予适当的分数，这样量化的评价量表就形成了。在此评价量表的基础上，增加学生对老师的评价，同学之间的评价，老师对学生的评价等"质性"评价内容，便形成了一个"量化"与"质性"评价相结合的评价量表。

（1）学生课堂表现评价指标

探究式教学的目的主要是为了促进学生的全面发展，促进教师的专业发展以及实现"教"与"学"的和谐。学生是教学质量评价的最终受益者，探究式教学质量评价更重要的任务是强调学生个体成长的独特性和差异性，重视学生的全面发展。因此，我们要将学生整体培养目标的实现程度与各种能力的和谐发展作为核心内容纳入教学质量评价的范畴。具体而言，教学质量的评价不仅要有利于引导教师注重基本理论知识和技能的传授，同时也要促进教师在教学中加强对学生发展性学习能力的训练，帮助学生树立主动参与的意识和创新意识，培养学生发现和提出新问题、获取新知识、掌握新信息的能力，增强学生的团队精神及协作能力，积极开发学生的潜力。

基于以上的考虑，我们将学生课堂表现的一级评价指标分为学习态度、合作精神、探究过程三个维度，再通过"学习态度"五个方面，来考核学生是否能积极参与到探究性课程中来；对开展的探究主题能否积极地完成；在遇到困难的时候，是否有坚忍不拔的精神。通过"合作精神"四个方面，培养良好的独立工作能力和团队合作意识。通过"探究过程"五个方面，能反映出学生创造性解决问题的能力。

（2）学生作品评价指标

学生作品有可能是大型作业、课程设计、设计性（创新性）实验、阶段测验、主题调查、读书报告、论文等。评价量表从思想性和科学性、创造性、艺术性四个维度来评价学生作品。通过对学生第一手材料或原始资料的分析，来判断教师开展探究式教学的实际成效。具体来说，就是通过"思想性和科学性"两个方面对学生作品的思想内容和文字表达方面进行一个初步的评价；通过"创造性"来判断作品是否有创新，是否有不同于他人的构想或设计；通过"艺术性"来对学生作品提出了一个更高的要求。

（3）教师课堂表现评价指标

如前所述，对于学生学业评价的主体，我们主张由单一的教师评价转向教师、学生本人、同学等多元化的评价主体。评价指标量表只是一个评分工具，只有与多方面的评价结合使用才可以达到比较理想的效果。这一点也适用于对教师的评价。

通过"教学内容"四个方面，来考核教师的教学是否反映了现代大学教学的特点；是否反映教师教学的个性风格；是否注意突出教学重难点，并考虑学生的接受情况。通过"教学方法"八个方面，来诊断教师教学方法方面存在的优缺点，用于改进教学。通过"教学效果"四个方面，能反映出教师实施探究式教学课程对于学生的意义和价值。

2. 探究式教学课程评价指标评分标准等级

评分标准是指某评价指标的完成情况与被评价者在该指标上得分的关系。评分标准等级是指对被评价者在评价指标上的不同表现状态与差异的类型进行的划分。在本研究中采用的是4级评分标准，划分为"优、良、中、差"，分别给予5分、4分、3分、2分的分值。这样就形成了一个学生课堂表现70分、学生作品50分、教师教学绩效80分、总分200的评价量表。

为了避免量化评价带来的弊端，我们要将评价量与师生的质性评价结合使用，使等级定量评价与描述性质性评价相结合形成最终评价。这份最终评价要反馈给指导教师和学生本人，既可以用于各阶段的形成性评价，也可以用于终结性评价。它可以在探究式教学课程的某个研究主题中多次进行，每一个评价阶段本身就是鉴定、引导、促进学生发展的过程。

3. 探究式教学课程评价主体与方法

学生课堂表现和学生作品评价的主体由单一的教师转向主体教师、学生本人、同学等多元化的评价主体。尤其重视学生在学习过程中的自我评价和自我反思、改进，使评价成为学生学会自我反思、发现自我、欣赏他人的过程。评价方法由原来"一考定全局"的终结性评价转向形成性评价和终结性相结合、课内教学与课外自主学习相结合的全程评价。尤其要重视"形成性评价"和"诊断性评价"，它们能反映教学评价的全面性、导向性、实效性、过程性和发展性特点。考核形式可以采用习题作业、问题讨论、随堂测验、项目训练（小论文、小设计等）、社会调查等方式，加强教学过程中平时学习情况的考查，提倡多样化的考核方式，多方面地测量学生能力和水平，测量学生全面的综合素质和能力。即使是书面考试也尽量采用开放性的，需要学生创造性、教师教学绩效评价的主体由他评主体转向他评和自评相结合的多元主体。传统的评价主体主要是领导、同事等，教师本人被视为被动的测评对象。其实，只有教师真正参与了测评，并接受测评结果，测评才能真正发挥促进教学的目的。在保留原有"他评"主体（即学生、领导、专家、同事等）的同时，引入教师自评主体，重视教师自我反馈、自我调控、自我完善、自我认识的作用，鼓励教师互动、积极地参与评价，从而最终实现学校、教师、学生的共同进步以及三者的全面、协调和共同发展。教师教学绩效评价的方法由偏重量的评价转向质的评价。传统教师评价主要采用量化考核评价的方法，以数据的形式对教师的工作状况做出评价。虽然操作比较方便，容易对结果进行判断比较，在一定程度上对学校管理、教师发展起了积极的作用，但是从这些抽象的数据中看不出教师个人的教学质量，也衡量不出教师的教学效果、创新能力等，教师工作的生动性、丰富性也无法得以体现。而质的评价正好弥补了这些缺陷，它具有浓厚的人文关怀气息，体现出对人的充分尊重与关爱，能调动评价者与被评价者的主观能动性，突出评价的激励功能。探究式教学课程评价应该是质性评价与量化评价的结合。

第四章　高等数学教学的思维能力培养

第一节　极限思想与方法

一、极限的概念与极限思想

关于极限思想，我国古代数学家刘徽在公元 3 世纪提出的"割圆术"中已有深刻的反映：为了求得圆的面积，在圆内作内接正六边形，其面积（所有直线形图形的面积都由初等数学知识圆满解决）可以作为圆面积的一个近似值；然后把每段弧二等分，作圆内接正十二边形，又得到圆面积的一个较前为好的近似值；再作圆内接正二十四边形，依次进行，就可以逐步得到非常接近于圆面积的一列数值。刘徽说："割之弥细，所失弥少；割之又割，以至于不可割，则与圆周合体而无所失矣。"其中"割之又割，以至于不可割"就是一个无限的过程，"与圆周合体而无所失矣"就意味着依次得到的正多边形的面积逐步接近，最终达到一个极限——圆的面积。

（一）数列的极限概念

观察下面几个数列，当项数 n 越来越大时，对应的数值是否越来越接近某个实数：

$$0.9,\ 0.99, 0.999,\ \ldots,\ 1-\frac{1}{10^n}\ldots$$

$$1, \frac{1}{2}, \frac{1}{4},\ \ldots, \frac{1}{2^{n-1}}\ldots$$

$$2, \frac{3}{2}, \frac{4}{3},\ \ldots, \frac{n+1}{n}\ldots$$

容易看出，数列 $\left\{1-\dfrac{1}{10^n}\right\}$ 越来越接近于 1；数列 $\left\{\dfrac{1}{2^{n-1}}\right\}$ 越来越接近于 0；数列 $\left\{\dfrac{n+1}{n}\right\}$ 越接近于1，这种现象可以用语言直观地描述为：当项数越来越大（或无限增大）时，数列 $\{X_n\}$ 无限地接近于某个常数 a。

"越来越大"和"无限接近"都是日常生活中模糊的定性描述语言，直观上让人容易理解，实际中却让人很难掌握判断标准。为此，需要用数学语言给予精确的定量刻画。

首先，"项数越来越大"或"无限增大"时，自然是指"大到某个项数之后的一切项"，即"从数列中某项开始，该项之后的所有项都包含在内"；其次，"越来越接近"或"无限接近"是说"数列中较后面的数值比前面的数值更接近常数 a 或数列中较大项的值与常数 a 的差距可以无限充分地缩小"。

对于数列 $\left\{\dfrac{n+1}{n}\right\}$，显而易见；当项数 n 越来越大时，某对应值 X_n 与常数 1 变得"无限接近"或"任意的接近"——要多接近就有多接近，也就是说，你任意给出一个要求的接近程度，从数列某一项开始，其后各项均值与 1 的接近程度都会达到或超过你的要求。而两个数接近的程度可以用二者差的绝对值来衡量，即 $|X_n-a|=\left|\dfrac{n+1}{n}-1\right|=\dfrac{1}{n}$ 刻画了数列中各个值与常数 1 的接近程度。

总而言之，对于任意给出的一个无论多小的正数 ε（已经给出，就是一个定值）那么数列 $\left\{\dfrac{n+1}{n}\right\}$ 中就可以确定一项（或者说存在一项，设为第 N 项）使得其后的所有项（即满足项数 $n>N$ 的一切项）X_n，恒有

$$|X_n-a|=\left|\frac{n+1}{n}-1\right|=\frac{1}{n}<\varepsilon$$

成立。

综上所述，可以把数列极限的定义描述改进为定量的分析：首先，数列的极限，就是这个数列无限接近的某个常数 a；

其次，"数列无限接近于 a，就是指"数列中的项与 a 的距离无限地变小"；

最后，"数列中某个项之后的项与 a 的距离无限变小"，就是说"可以找到某个项数 N，该项之后的所有项 $X_n(n>N)$ 与 a 的距离总可以标的并保持比你给定的正数还要小"。

将上述意思完整地理解为：对于（已给出的）无论怎样小的正数 ε，总存在（可以找得到）一个自然数 x_N，使得数列中的项以后的所有项由（即所有 x_N 时对应的项）都满足下述不等式：

$$|X_n-a|<\varepsilon$$

至此，我们得到数列极限的精确定义（简称 ε-N 定义）。

定义 1 如果数列 $\{x_n\}$ 与常数 a 有下列关系：对于任意给定的正数 ε，总存在正整数 N 使得对于 $n>N$ 时的一切 x_n 不等式

$$|X-a|<\varepsilon$$

都成立，则称常数 a 是数列 $\{x_n\}$ 的极限，或者称数列 $\{x_n\}$ 收敛于 a，记为

$$\lim_{n\to\infty}x_n=a$$

简记为 $X_n\to a$，$n\to\infty$。

否则，如果数列没有极限，就说数列是发散的。

关于数列极限的上述定义，应当注意以下几点：

（1）ε 具有二重性

① ε 具有任意性。ε 是用来刻画数列与常数 a 的接近程度的量，ε 越小，说明数列 $\{x_n\}$ 中的项 x_n 与 a 的距离就越小，即数列中的项 x_n 与 a 就越接近。ε 可以任意小，以使得数列中的项 x_n 与 a 就可以任意地接近，以至要多近就有多近。因此，定义中的 ε 必须是一个可以无限小的变量，且正是 ε 的任意小，才能恰当地刻画出数列中的值与常数可以任意接近。

② ε 具有确定性。ε 是用来表示数列与常数 a 接近程度的一个标准，就极限全过程中的某一瞬间而言，ε 又是一个相对给定的正数。正是它的确定性，才使我们可以检验数列中的项 x_n 与 a 的接近程度是否达到要求。

ε 的这种二重性深刻反映了极限概念中的精确与近似之间的辩证关系，体现了一个数列逼近它的极限时要经历一个无限过程（这个无限过程通过 ε 的任意性来体现），但这个无限的过程又要一步步地去实现，而且每一步的变化都是有限的（这个有限的变化通过 ε 的相对固定性来体现）。

（2）N 具有二重性

① N 具有确定性，并且与 ε 相关。定义中要求"存在正整数 N"，因此，我们必须找到这样一个确定的 N 才可以说明它的存在性，并且在数列中有这样一个项 x_n，将数列中的项分成两部分：前一部分无所谓，而后一部分中的各项与常数 a 的距离都小于 ε，从上表中也可以看出：N 是与 ε 相关的，一般而言，ε 越小，N 就可能越大。

② N 具有多值性。对于固定的 ε，若存在着相应的 N 值，满足定义中的要求：当 $n>N$ 时，总成立不等式 $|x_n-a|<\varepsilon$。则知，$N+1$，$N+2$，$\cdots$，$N+k$，$\cdots$ 即任何一个比 N 大的数都可以替代 N 使用，而满足定义的要求：当 $n>N+k(>N)$ 时，同样有 $|x_n-a|<\varepsilon$ 成立。因此，这些数都可以取为 N 值。

对于定义中的 N 重要的是它的存在性；对于一个相对确定的 ε，我们必须指出 N 为某个具体的值。

（3）由于 ε 是刻画接近程度的一个标准，它的任意性决定了它的本质是一个象征性的无穷小，在用定义判别极限时并没有实际的意义。因此，在用定义判别具体数列的极限时，可以用，2ε，3ε，$\dfrac{1}{2}\varepsilon$，$\dfrac{1}{3}\varepsilon$，$\sqrt{\varepsilon}$，$\sqrt[6]{\varepsilon}$，$\varepsilon^2\varepsilon^3$ 来代替 ε 使用。

（4）定义中的不等式 $|x_n-a|<\varepsilon$ 实际上是代表着下面一串（无穷个）不等式：

$|x_{N+1}-a|<\varepsilon$，$|x_{N+2}-a|<\varepsilon$，$|x_{N+3}-a|<\varepsilon$，...

（5）因为数列是由无穷多项组成的，而极限定义仅要求某个项之后的所有项满足不等式即可，所以，去掉（或改变）数列的前有限项，都不会影响数列的收敛或发散；收敛时也不会改变数列的极限值。

（6）结合实数与数轴上的点是——对应的几何意义，可以理解：如果数列 $\{x_n\}$ 的极限是 a，则对于任意的正数 ε，都存在 N，使得数列中 x_n 以后的项全部落在 a 的 ε 邻域：$(a-\varepsilon, \quad a+\varepsilon)$ 内。

（二）函数的极限概念

数列是一种特殊的函数：自变量 n 取正整数集时，对应的函数值 $x_n=f(n)$ 构成数列 $\{x_n\}$。数列的极限就是当 n 无限增大时，对应的函数 $f(n)$ 值无限地接近于某个常数 a，为了抽象出函数极限的概念，抛开数列的特殊形式，将数列极限理解为：在自变量（n）的某个变化过程中（$n \to \infty$），对应的函数值 $f(n)$ 无限地接近于某个常数。

上述抽象过程就是由具体的、特殊的对象上升到包含该对象为特殊形式的一般对象的数学方法。只要理解了数列——特殊函数的极限概念，就容易理解一般函数的极限概念。不过，又要考虑到函数与数列在形式上的差别，数列中的变量只能按（$n \to \infty$）这一种方式变化，而函数的定义域可以是各种形式的数集，自变量也就有多种变化趋势。

一般而言，函数 $y=f(n)$ 中自变量的变化趋势大致分为两种情况：

（1）自变量 x 的绝对值 $|X|$ 无限变大，即 $x \to \infty, n \to -\infty, n \to \pm\infty$；

（2）自变量 x 无限趋近于某个有限数即 x_0，$x \to x_0$。

1. 自变量趋于无穷大时函数的极限

如果函数 $f(n)$ 定义在左无穷区间（$-\infty$，b）则自变量 x 可以单向地趋于负无穷：$x \to -\infty$；如果函数 $f(n)$ 定义在右无穷区间（$-\infty$，$b]$U$[a$，∞）（其中 $a=b$ 或 $a>b$）则 x 可以单向地趋于正无穷：$x \to \infty$。我们以后者为例，给出函数的极限定义。

定义 2 函数 $f(n)$ 当 $|X|$ 大于某一正数时有定义，A 是一个常数。如果对于任意的正数，总存在正数 X，使得对于适合不等式 $|X|>X$ 的一切 x，对应的函数值 $f(n)$ 都满足不等式。

$$|f(X)-A|<\varepsilon$$

那么常数 A 就叫作函数 $f(n)$ 当 $x \to \infty$ 时的极限。记作

$$\lim_{x \to \infty} f(x) = A$$

也简记为 $f(x) \to A$，$x \to \infty$。

如果 $x>0$ 且无限增大（$x \to +\infty$），那么只要把定义中的 $|x|>X$ 改为 $x>X$，就可以得到 $\lim_{x \to \infty} f(x) = A$ 的定义。

这里用来刻画函数值 $f(n)$ 与极限值 A 的接近程度 ε 和界定何时达到接近程度的"界数" X，其作用与数列中的和 N 是完全一样的，此处不再多作说明。

需要指出的是 $\to \infty$ 包含 $x \to -\infty$ 和 $x \to +\infty$ 同时存在。

2. 自变量趋于有限值时函数的极限

自变量 x 趋于某个有限值 x_0（$x \to x_0$）时，同样分为三种情形：

（1）x 从 x_0 的左侧趋近 x_0，记作 $x \to x_0-0$；

（2）x 从 x_0 的右侧趋近 x_0，记作 $x \to x_0+0$；

（3）x 从 x_0 的两侧趋近 x_0，记作 $x \to x_0$。

后者同时包含着前两种情形，我们先给出一般情形的后者。

在 $x \to x_0$ 的过程中，对应的函数值 $f(n)$ 无限接近于 A，就是 $|f(x) - A|$ 无限地小。如数列极限的概念，$|f(x) - A|$ 能任意小可以用 $|f(x) - A| < \varepsilon$ 来表示，其中 ε 是任意给定的正数。因为函数值 $f(n)$ 无限接近于 A 是在 $x \to x_0$ 的过程中实现的，所以对于任意给定的正数 ε，只要求充分接近 x_0 的 x 所对应的函数值 $f(n)$ 满足不等式 $|f(x) - A| < \varepsilon$ 即可；而充分接近于 x_0 的 x 可表达为 $0 < |x - x_0| < \delta$，其中 δ 是一个较小的正数，相当于数列极限概念中的"界数" N 从几何意义上看，符合不等式 $0 < |x - x_0| < \delta$ 的 x 全体，就是点 x_0 的去心的 δ 邻域，即 x_0 附近与 x_0 非常接近的点，而邻域半径 δ 则体现了 x 接近 x_0 的程度。

定义 ε 函数 $f(n)$ 在点 x_0 的某一去心邻域内有定义，以是一个常数。如果对于任意的正数 ε 总存在正数 δ，使得对于适合不等式 $0 < |x - x_0| < \delta$ 的一切 x，对应的函数值 $f(n)$ 都满足不等式

$$|f(x) - A| < \varepsilon$$

那么常数 A 就叫作函数 $f(n)$ 当 $x \to x_0$ 时的极限，记作

$$\lim_{x \to \infty} f(x) = \text{或} f(x) \to A, \quad x - x_0$$

关于上述定义，强调以下两点：

（1）当 $x \to x_0$ 时，函数 $y = f(x)$ 的极限定义的性质和数列极限的定义相同。

（2）定义中不等式 $0 < |x - x_0| < \delta$ 是说明自变量 x 的取值要除点。这是因为：①我们所研究问题的范围是 x_0 点附近的所有点，也就是 x 趋于的极限过程中的变动的点，而不是孤立的 x_0 点本身。所以，$f(n)$ 在 x_0 点的极限存在与否，存在时的极限值都与点 x_0 是否有定义无关。②极限定义中将 x_0 点排除在外，能使得相当一部分函数可以考虑极限的存在性。

如函数 $f(x) = \dfrac{x - 3}{x^2 - 9}$ 在 $x_0 = 3$ 时没有定义，但并不影响考察该点处的极限。

此外，若函数 $f(n)$ 仅在点 x_0 的左侧有定义，这时 x 只能从左侧趋近于 x_0，我们就仅考察 $f(n)$ 在点 x_0 的左极限：

同样，若函数 $f(n)$ 仅在点 x_0 的右侧有定义，这时 x 只能从右侧趋近于 x_0，我们就仅考察 $f(n)$ 在点 x_0 的右极限：

$$\lim_{x \to x_0 + 0} f(x) = A \text{ 或} f(x) \to A, \quad (x \to x_0 - 0)$$

即使 $f(n)$ 在 x_0 点的两侧都有定义，我们也可以仅考虑单侧极限。不过：若 $f(n)$ 在 x_0 点的两个单侧存在极限且相等，则 $f(n)$ 在 x_0 点存在极限。反之亦真；若此 $f(n)$ 在 x_0 点的两个单侧极限分别存在但不相等，则 $f(n)$ 在 x_0 点不存在极限。

（三）极限思想辨析

1. 有限与无限的相互转化及辩证关系

以极限式 $\lim_{n \to \infty} x_n = a$ 为例，从左向右看是无限向有限的转化，从右向左来看则是有限中却包含着无限。再具体地如：

$$1+\frac{1}{4}+\frac{1}{9}+\cdots+\frac{1}{n^2}+\cdots=\frac{\pi^2}{6}$$

$$1+\frac{1}{16}+\frac{1}{81}+\cdots+\frac{1}{n^4}+\cdots=\frac{\pi^4}{90}$$

$$1+\frac{1}{9}+\frac{1}{25}+\cdots+\frac{1}{(2n-1)^2}+\cdots=\frac{\pi^2}{8}$$

同一个 π 可以有多个无限形式的表达式，也充分说明有限中包含丰富的无限。在学习极限时，我们往往较多注意到无限向有限的转化，而忽略了有限包含着无限这个侧面。

2. 近似与精确的相互转化及辩证关系

极限过程中每一个值都是极限值的一个近似值，但极限过程的结果达到了极限值而精确化。在上述最后一个式子中：对一个具体的 n 左边都是右边的一个近似值。例如：

$$1+\frac{1}{9}+\frac{1}{25}(=1.715\cdots)\approx\frac{\pi^2}{8}(=1.2337\cdots)$$

左边的和项越多，右边的精确度就越高，以至于通过一个无限相加的极限形式达到其精确值。

再如，定积分也是一种和式的极限。定积分的近似计算就是用有限的和去替代极限值，利用了近似与精确这对矛盾的转化关系。

3. 极限的过程无限与时间无限地 对立统一

如果一个极限过程体现在时间的无限进程中，极限过程则是无限的，如"一尺之锤，日取其半，万世不竭"。反过来，则不然，即极限过程是无限的，但是却在一个有限的时间段内完成。如果忽视这一点，就会导致错误，如著名的芝诺悖论。

现在我们来考察芝诺悖论，看看飞人阿基里斯是否能追得上乌龟。假定阿基里斯每秒跑 10 米。第一步阿基里斯跑了 10 米，需要时间 1 秒；第二步，阿基里斯追了 1 米，需时间十分之一秒；如此继续，整个追赶过程总共需要的时间是

$$1+\frac{1}{10}+\frac{1}{10^2}+\cdots+\frac{1}{10^{n-1}}+\cdots$$

这个无穷递增等比级数的和是 $\frac{10}{9}$，也即阿基里斯追赶上乌龟仅仅需要毫秒。芝诺把阿基里斯追赶乌龟分割为一个极限过程，这个过程虽然无限地进行了，但这个过程并非真正是时间无限推移的过程。而芝诺悖论正是把这有限的时间段人为地分割为无限多个时间段，混淆了极限过程的无限与时间的无限两种现象。这也提醒我们：尽管在叙述极限定义时，用"时刻"这个术语，只是指数学上的"时刻"，而不是现实世界中时间概念上的时刻。

如果我们从哲学上来看待极限概念，它同样具有丰富的内涵。首先，它体现了量变质变律：量的变化引起了质的变化。例如，有理数序列可以以无理数为极限；正数序列可以以零为极限等。还有近似转化为精确，也是量变引起的质变。"其次，它体现了否定之否

定律：有限——无限——有限。最后，它体现了对立统一律：有限与无限的对立统一，近似与精确的对立统一，质与量的对立统一，运动与静止的对立统一等。

二、极限理论的主要问题

极限理论主要回答的问题有两个：一是有哪些判断极限存在的法则，即在什么条件下可以确定极限存在，什么情况下，极限不存在；二是如何计算极限，即极限运算满足哪些规律。本节重点讨论极限存在的条件问题。

（一）利用定义验证函数的极限

函数（包括数列）极限的定义属于描述性定义，也可以是检验性的定义，即按照定义中给出的模式去检验某个常数是否为函数的极限。这种方法常用来论证理论问题，或者仅对极限做定性讨论。它较为深刻地反映了极限思想，也是高等数学中最主要的论证方法之一。

1. 数列的极限

我们先来分析一下数列极限定义中的两句话。"对于任意给定的正数 ε"，这里 ε 是一个预先给出的"标尺"。由于它的任意性，所以在具体验证时，ε 本身没有实际意义仅作为一个符号使用而已。那么，给出 ε 之后做什么呢？"总存在正整数 N"，因此，这个 N 是需要我们根据数列的实际情况和给定的 ε 确定的一个"界数"。具体地说，就是要找出一个数 N，使得当 $n>N$ 时，不等式 $|x_n-a|<\varepsilon$ 成立，即数列 x_n 以后的所有项都满足 $|x_n-a|<\varepsilon$。为了说明 N 的存在性，我们必须指出 N 为何值。而定义中的 "$n>N$" 是一个关键不等式，起着承上启下的作用，在分析证明过程中是一个转折点。由此可见，验证数列极限的关键就是：在给定的情况下，寻找符合定义要求的 N。

2. 数的极限

利用定义验证 $x\rightarrow\infty$ 时函数的极限，其验证方法完全类同于数列极限的验证方法。

（二）判定函数极限的其他法则

前一部分介绍了利用定义验证极限的常用方法和一些技巧，但是在那里讨论的都是已知极限存在且知道极限值的情况。如果事先并不知道极限是否存在，或者不知道极限值，该如何讨论极限问题呢？

在理论上讨论极限问题，主要有以下几个依据：单调有界原理、夹逼法则、柯西（Cauchy）（Caychy）收敛准则（又称 Heine 归结原则）、实数连续性原理等。

（三）判断极限不存在的方法

判断极限不存在的方法尽管很多，但是首要的还是依据极限定义确定数列或函数的极限不存在，这是最基本的理论方法之一。应当注意，在数学知识体系中，每当给出一个概念而紧接其后讨论它时，只能从定义出发去判断它的正面与反面。

在讨论数列不存在极限——发散时，我们先来说明发散的概念，即收敛的矛盾概念。在学习一个概念时，除了从正面理解概念本身之外，如果还能考虑它的反面——矛盾概念，无疑对加深概念的理解大有益处。这里顺便提醒读者注意：构造矛盾概念的方法和概念中关键词的转换。

对数列而言，$\{x_n\}$收敛于a关键是数列中无穷多项a_n与a的距离充分地接近，要多近就有多近。其否定自然是：不能充分接近，即总有a_n项与a的距离大于或等于某个常数（如ε_0）。其次，收敛定义中要求从某项（如x_N）之后，所有的项与a的距离都小于预先给定的数ε。这句话的否定是：在x_N之后，有（哪怕是一项）$x_{n_0}(n_0 > N)$与a的距离不能小于ε。再次，收敛定义中有一个存在的"界数"N，其否定是：不存在这样的N，也就是所有的自然数都不能使得：该项之后的所有项与a充分地接近。因此，可以得到数列$\{x_n\}$不以a为极限的分析定义：

存在常数$\varepsilon_0 > 0$，对任意自然数N，都存在着$x_0 > N$，使得$|x_{n_0} - a| \geqslant \varepsilon_0$。

三、极限的统一形式

在整个微积分知识体系中，极限理论贯穿始终，许多重要概念都是用极限形式定义的。尽管他们形式多样，意义不同。但是，他们的极限本质是相同的：当自变量趋于某个状态时，对应的函数值总是趋近于一个确定的常数。

一元函数的极限形式是$\lim\limits_{x \to x_0} f(x) = A$ 或 $\lim\limits_{x \to \infty} f(x) = A$。

（1）数列$\{x_n\}$的极限：可以看作函数$f(x) = f(n) = x_n$中的自变量时的离散状态下的极限。

（2）多元函数：$u = f(x_1, x_2, \ldots, x_n)$的极限

$$(x_1, x_2, \ldots, x_n) \xrightarrow{\to \lim} (x_1^0, x_2^0, \ldots, x_n^0)\ f(x_1, x_2, \ldots, x_n)$$

可以看作动点$P(x_1, x_2, \cdots, x_n)$趋于定点$P_0(x_1^0, x_2^0 \ldots x_n)$时的极限：

对$\forall \varepsilon > 0$，$\exists \delta > 0$，对于符合不等式$0 < |P - P_0| < \delta$的一切点P，$f(P)$都满足不等式$|f(P) - A| < \varepsilon$

那么常数A就叫作函数$f(P)$当$P \to P_0$。时的极限，记作

$$\lim\limits_{p \to P_0} f(x) = A \text{ 或 } f(P) \to A\ (P \to P_0)$$

如果将上述定义中的P和P_0视为x和x_0，这与一元函数的极限形式是完全相同的。所以，如果将多元函数看作点函数，则极限的讨论就与一元函数相同。只不过，这里$P \to P_0$的列式更为复杂一些而已。

（3）导数是一种极限：$\lim\limits_{\Delta x \to 0} \dfrac{f(x_0 + \Delta x) - f(x_0)}{\Delta x}$

当函数$f(P)$给定后，对于确定的x_0分式$\dfrac{f(x_0 + \Delta x) - f(x_0)}{\Delta x}$

是Δx的一元函数，若记为$F(\Delta x)$，则函数$f(x)$在x_0。点的导数就转化为新构造的函数

$F(\Delta x)$ 当 $\Delta x \to 0$ 时的极限：$\lim\limits_{\Delta x \to 0} F(\Delta x)$。

将 Δx 看作 x，形式与一元函数的极限形式完全相同。

（4）定积分是一种极限：$\lim\limits_{\lambda \to 0} \sum\limits_{i=1}^{n} f(\xi_i) \Delta x_i$

对于区间 $[a, b]$ 的任意分割和 $\Delta x_i = [x_{i-1}, x_i]$ 中任意选取的 ζ_i 而言，在 $\lambda \to 0$ 的过程中，Δx_i 的长度趋于 0，此时 Δx_i 的划分和 ζ_i 的选取都是象征性的符号，已没有具体的实际意义。所以，上述极限可以看作是变量 λ 趋于 0 时的极限。

由（3）和（4）看出，函数 $f(x)$ 的导数与定积分都不是对函数本身直接求极限，而以该函数为基础，构造出一个新的一元函数 $F(x)$，然后对这个函数求极限。

事实上，定积分中的和式若记为 $F(P_i)$（P_i 随 $\lambda \to 0$ 而变化），所求极限为

$$\lim_{\lambda \to 0} \sum_{i=1}^{n} f(p_i) \Delta \Omega_i \, p_i \in \Delta \Omega_i (*)$$

则该极限形式也包含着其他的各种积分：

（1）若 $\Omega \in R^2, \Delta \Omega_i = \Delta x_i \cdot \Delta y_i = [x_{i-1}, x_i] \times [y_{i-1}, y_i]$（即 $\Delta \Omega_i$ 既表示区域，也表示该区域的度量，下同）$P_f(\xi_i, \zeta_i) \in \Delta \Omega_i$。则上式就是二重积分的极限

$$\lim_{\lambda \to 0} \sum_{i=1}^{n} f(\xi_i, \zeta_i) \Delta x_i y_i$$

（2）若 $\Omega \in R^3$，$a \Delta \Omega_i = \Delta x_i \cdot \Delta y_i \cdot \Delta z_i$，$P_i \in \Delta \Omega_i$ 则（*）式就是三重积分中的极限。

（3）若 Ω 是空间中曲面 S：$z = z(x, y), P_i(\xi_i, \zeta_i, z(\xi_i, \zeta_i)) \in \Delta \Omega_i$，

$$\Delta \Omega_4 = \sqrt{1 + z_y^2 + z_y^2} \Delta x_i \Delta y_i$$

则（*）式就是对面积的曲面积分

$$\iint_s f(x, y \quad z) dS = \lim_{\lambda \to 0} \sum_{i=1}^{n} f(P_i) \Delta \Omega = \lim_{\lambda \to 0} \sum_{i=1}^{n} f(\xi_i, \zeta_i, z(\xi_i, \zeta_i)) \sqrt{1 + z_x^2 + z_y^2} \Delta x_i \Delta y_i$$

（4）若是空间中曲面 S：$z = z(x, y)$，$P_i(\xi_i, \zeta_i, z(\xi_i, \zeta_i)) \in \Delta \Omega_i$，此时取 $\Delta \Omega_i = (\Delta \Omega_i)_{xy} = \pm \Delta x_i \cdot \Delta y_i$（式中正或负以积分曲面的侧而定），则（*）式就是函数 $F(P)$ 在有向曲面 S 上对坐标 x，y 的曲面积分。

（5）若是一条空间曲线 L，取 $\Delta \Omega_4 = \sqrt{(\Delta x_i)^2 + (\Delta y_i)^2 + (\Delta z_i)^2}$，则（*）就是对弧长的曲线积分。

（6）若 Ω 是一条空间曲线 L，取 $\Delta \Omega_i = (\Delta \Omega_i)_{xy} = \pm \Delta x_i$，（式中正或负号以曲线的方向与轴的正向之夹角为锐角或钝角而定），则（*）式就是对坐标的曲线积分。

由各种类型极限定义到这个统一定义，由统一定义指导各类极限研究。即由特殊到一般，再由一般到特殊，是认识的进一步提高和深化。统一定义是各类型极限概念更高一级的抽象与概括，综合描述了各种类型的共同的本质，深刻理解统一定义，对把握极限统一的思想方法、使极限概念系统化、更深入地研究各种类型极限具有重要意义。同时应用统一定义，易于把一元函数概念推广到 n 维欧氏空间。

第二节 微分思想与方法

一、微分学的产生与基本思想

（一）微分学的基本思想

关于运动和变化的考察从古希腊就已开始，而且由芝诺、毕达哥拉斯至欧多克萨斯、欧几里得，不论是在哲学的思辨上或是在数学基础上都达到了很高的水平。除了这些纯思辨的考察，还有许多有待解决的实际问题，都推动着科学的进步。从当时生产力发展的水平以及与之相应的科学技术发展水平来看，静力学、流体静力学、光学，特别是物体的机械运动，包括地上的和天上的物体的运动都是当时科学发展中的关键问题。其中一个重大问题是天体运行规律问题。

由古希腊的托勒密地心说以致后来哥白尼的日心说，布鲁诺被施以火刑，伽利略受到教廷的迫害，我们时常看到的是它的意识形态方面，但是这个问题的意义远不止此。现在每一个大学生、中学生都懂得了什么是相对运动，而日心说与地心说之差别无非是采用了不同的坐标系，何必大动干戈呢？但是能把问题"看穿"到这个地步，前提是要能用数学很好地刻画运动，要能追溯星体在天空运动的轨迹，写出其运动方程式，而不是只满足于亚里士多德式的思辨，说什么物体下坠是因为向下落是物体"自然的本性"之类。这就不但不是依赖哲学，而恰好是能摆脱某种哲学，回到科学的道路上，回到观测、推算等科学方法的道路上。不仅是天体运动的规律，还有关于运动学的基本概念如速度、加速度如何理解，什么是力，什么是离心力等都是 16 ～ 17 世纪前后科学界关注的焦点。牛顿力学三大定律正是在这样的科学氛围中出现的。它一方面吸收了许多人的成就，特别是伽利略、笛卡儿的成就，另一方面也是牛顿本人的努力和天才的结晶。所以牛顿说自己是站在巨人肩上是很有道理、很有见解的。我们特别要提出，牛顿深受欧几里得《几何原本》的影响，在他的巨著《自然哲学之数学原理》一书中，他就把三大定律列为"运动的公理或定律"，并由此推导出《原理》中所有的命题。这一点确实是牛顿的伟大贡献。

不过，这一切努力绝不只具有理论的意义，在实际上也十分重要。例如，由于资本主义向全世界的扩展，人们需要进行长距离的航海，确定船只在海洋中的位置自然是重要的。确定纬度比较容易，只要测定某一个恒星离天顶的角度即可，但确定经度要困难得多。大约从 16 世纪起，人们就开始利用时差来确定经度。为此，一是要有关于天体运动的准确知识。1675 年英王查理二世建立格林尼治天文台，就是为了这个目的。研究天体运动的人不仅有伽利略和牛顿，还有许多人，其中有哈雷，他所作的星图是最精确的。二是要有一个好的钟。单摆是当时人们测定时间的基本工具。关于单摆的研究工作的基础是由惠更斯和胡克曾任英国皇家学社秘书（与牛顿为了万有引力定律的"知识产权"闹过不小的矛盾）奠定的。但是为了计算经度，摆的误差每天不得超过 2 ~ 3 秒，这在当时是很难达到的。由此还出现过一次灾难：1707 年，一支由 5 艘军舰组成的英国舰队，在海军元帅叔莱尔率领下在直布罗陀大败法国舰队，可是在回国时遇大雾，因无法确定舰队准确位置而触礁，五艘军舰沉没了四艘，死亡水兵两千余人。在举国大哗之下，英国国会于 1714 年通过"经度法案"，悬赏 20000 英镑（约合今天 \$1000000），征求确定经度之法，最后由哈里逊（John Harrison, 1693—1776）在 1761 年造出了可以使用的海钟（当时称为 chronometer）而获奖。总之，微积分发展的环境已与希腊时代和中世纪有了天壤之别。

天体的运动——当时还主要是太阳系中行星运动的规律，由于对问题的重视，人们已经进行了多年的观测，积累了大量观测数据。到 17 世纪初，开普勒以多年观测数据为基础，提出了著名的开普勒三定律。

开普勒三定律是唯象定律，它没有解释为什么正好有这三个定律成立。牛顿的功绩在于指出，它们其实是一个更深刻的定律：万有引力定律的推论。

万有引力定律指出，若有二质点，质量各为 m1、m2，设一个质点在极坐标原点处，另一质点的半径为 $\vec{r}$，则第一质点对另一质点必有引力，其大小与 $-\vec{r}$ 相同，与 r^2 成反比。当然，按牛顿第三定律，另一质点也对第一质点有引力，大小相同，方向相反。

二、导数与微分的概念

（一）一元函数的导数与微分

1. 一元函数的导数

下面就直接给出它的分析定义：

定义 I 设函数 $y=f(x)$ 在点 x_0 的某个邻域有定义，若极限 $\lim\limits_{\Delta x \to 0} \dfrac{f(x_0+\Delta x)-f(x_0)}{\Delta x}$ 存在，则称函数 $f(x)$ 在点 x_0 处可导（或存在导数），并称这个极限值为函数 $y=f(x)$ 在点 x_0 处的导数。记为 $f'(x_0)$，$\left.\dfrac{\mathrm{d}y}{\mathrm{d}x}\right|_{x=x_0}$，$y'|_{x=x_0}$ 即 $f'(x_0)=\lim\limits_{\Delta x \to 0}\dfrac{f(x_0+\Delta x)-f(x_0)}{\Delta x}$

若上述极限不存在，则称函数 $y=f(x)$ 在点 x_0 处不可导（或导数不存在）。

关于导数的定义，用语言叙述就是，函数值的改变量（以下也将改变量称作增量）$f(x_0+\Delta x)-f(x_0)$ 与对应的自变量改变量 $(x_0+\Delta x)-x_0=\Delta x$ 之比，当自变量改变量趋于零时的极限。此外还应当注意以下几点：

（1）若记 $x=x_0+\Delta x$，则 $\Delta x \to 0$ 等价于 $x \to x_0$，此时上述极限又可以写成 $f'(x_0)=$

$$\lim_{x \to x_0}\frac{f(x)-f(x_0)}{x-x_0}$$

（2）定义中 x_0 是常量（确定的点），Δx 是变量——从 x_0 变化到 x 的改变量。因此，极限式中的分式 $\dfrac{f(x_0+\Delta x)-f(x_0)}{\Delta x}$ 是 Δx 的一元函数，所取极限是关于 $\Delta x\to 0$ 时的极限。

（3）函数 $f(x)$ 在点的导数 $f'(x_0)$ 是由点 x_0。所决定的一个数值，与 Δx 无关，尽管是在 $\Delta x\to 0$ 的状态下得到的极限值。

（4）该定义属于构造性定义，即定义本身就指出了求导数的方法步骤：

①在点 x_0 处约定一个改变量 Δx，求出函数相应的改变量 $\Delta y=f(x_0+\Delta x)-f(x_0)$；

②写出两个改变量的比式，$\dfrac{f(x_0+\Delta x)-f(x_0)}{\Delta x}$；

③令 $\Delta x\to 0$，对上式取极限，就得到所求的导数值。

（5）函数 $y=f(x)$ 在点 x0 的导数 $f'(x_0)$ 在几何上表示曲线，$y=f(x)$ 在点 $[x_0,f(x_0)]$ 处的切线的斜率。需要说明的是，函数 $y=f(x)$ 在点 x_0 的导数 $f'(x_0)$ 存在，说明曲线 $y=f(x)$ 在点 $[x_0,f(x_0)]$ 处的切线一定存在；不过，曲线 $y=f(x)$ 在点 $[x_0,f(x_0)]$ 处的切线存在时，函数 $y=/(x)$ 在点 x_0 的导数未必存在。如函数 $y=\sqrt[3]{x}$ 曲线在点（0，0）处有切线 $x=0$，即 y 轴；但该函数在点在 $x_0=0$ 不可导。

函数 $y=f(x)$ 的导数 $f(x_0)$ 是一个与点 x_0 有关的数值，当 x_0 不同时，对应的导数值一般也不相同。因此，如果 $f(x)$ 在区间（a，b）内每一点都可导，则对于该区间内的每一个值 x，都有一个确定的导数值 $f(x_0)$ 与之对应。这样就存在一定义在区间（a，b）内的新函数，我们称其为 $f(x)$ 的导函数，记为 $f(x_0)$，y' 或 $\dfrac{dy}{dx}$。即 $f(x)$
$=\dfrac{f(x_0+\Delta x)-f(x_0)}{\Delta r},x\in(a,b)$

说明①上述极限式中，x 当作常量，Δx 仍然是变量。

②导函数是在函数 $f(x)$ 的基础上构造出来的新函数，其性质同 $f(x)$ 可能有着很大的差别。但是，常常也把导函数简称为导数。

③导数 $f(x_0)$ 与导数 $f(x)$ 既有一定的联系又有着本质的区别：前者是一个数值，后者是一个函数；当二者都存在时，$f(x_0)$ 是函数在 $f(x)$ 在点 x_0 处的函数值。

2.一元函数的微分

定义 2 若函数 $y=f(x)$ 在点（x_0）的某个邻域内有定义，$x_0+\Delta x$ 属于该邻域。如果函数的改变量 $\Delta y=f(x_0+\Delta x)-f(x_0)$ 可以表示为 $\Delta y-A\Delta x+O(\Delta x)$。

其中 A 是不依赖于 Δx 的常数，$O(\Delta x)$ 是比 Δx 高阶的无穷小，则称函数 $y=f(x)$ 在点 x_0 是可微的，而 $A\Delta x$ 叫作函数 $y=f(x)$ 在点 x_0 相应于自变量改变量 Δx 的微分，记作 dy，即 d$y=A\Delta x$ 或 d$f(x_0)=A\Delta x$。

说明①微分 dy 是自变量改变量 Δx 的一次函数。

②微分 dy 是函数改变量 Δy 中的线性部分，二者之差 $O(\Delta x)$ 是一个较 M 高阶的无穷小。

对一元函数 $y=f(x)$ 而言，其可导与可微是等价的，且 d$y=f'(x)dx$。尽管如此，它们却是两个不同的概念，导数 $f'(x)$ 是一个只有点 x_0 有关的定数——函数的增量与自变量的增量之比的极限；而微分 $dy=f'(x_0)(x-x_0)$ 是 Δx 的线性函数，既依赖点 x_0 又与 $\Delta x \rightarrow 0$ 有关，是函数增量的近似值，同时也是 $\Delta x \rightarrow 0$ 时的无穷小量。在几何上，二者也表示不同的意义。

现在的教材都是先讲导数后讲微分，且微分的计算又依赖导数。因此，有些人就认为微分是导数的派生概念，并不是独立的。这种想法是错误的。其实，在微积分产生的初期，是先有了微分，而把导数理解为两个微分的商。例如，对自由落体运动 $s=gt^2/2$，当时求瞬时速度 v 时，是把 v 理解为 ds 与 dt 的商。由于

$$ds = \frac{1}{2}g(t+dt)^2 - \frac{1}{2}g(t)^2 = gtdt + \frac{1}{2}g(t)^2 \text{ 故}$$

$$v = \frac{ds}{dt} = \frac{gtdt + \frac{1}{-2}g(dt)^2}{dt} gt + \frac{1}{2}gdt = gt \quad （*）$$

显然（*）式的结果是正确的。但对"无穷小" dt，在上式的运算过程中却存在着矛盾：一方面，分子、分母同时约去 dt，这要求出 $dt \neq 0$；另一方面，最后得出 gt 时，却又令 $dt=0$，所以，"无穷小" dt 同时是零又不是零，这很矛盾。这种运算在当时是无法解释清楚的，只有建立了极限的理论之后，（*）式才能严格地演算如下：

$$V = \lim_{\Delta t \rightarrow 0} \frac{\Delta s}{\Delta t} = \lim_{\Delta t \rightarrow 0} \frac{\frac{1}{2}g(t+dt)^2 - \frac{1}{2}gt^2}{\Delta t} \lim_{\Delta t \rightarrow 0}\left(gt + \frac{1}{2}g\Delta t\right) = gt$$

导数反映的是变量的变化率问题，而微分反映的是函数改变量关于自变量改变量的线性主要部分。它们来自不同的实际问题，代表着不同的现实模型。

导数的导数叫作高阶导数。同样，微分的微分叫作高阶微分。于是函数 $y=f(x)$ 的各阶微分是：$dy=f'(x)dx$，$d^2y=d(dy)=d[f'(x)dx]=f'(x)dx^2$，$d^2y=d(dy)=d[f,(x)dx]=ff,(x)dx^2$；一般地，$d^ny=d[f^{(n-1)}(x)dx^{n-1}]=f^n(x)dx^n$。

需要说明的是，d^2yd 和 dx^n 的意义是不一样的。前者是函数的 n 阶微分，后者是自变量的微分（实际是一个常量）的 n 次幂。

此外，一阶微分具有形式不变性。二阶微分不再具有形式不变性。事实上，当 u 是自变量时，函数 $y=f(u)$ 的二阶微分是 $d^2y=f''(u)du^2$；当 u 为中间变量是 χ 的函数 $u=\varphi(x)$ 时，由一阶微分形式不变性的 $dy=f'(u)du$。于是二阶微分为

$$d^2y = d\left[f'(u)du\right] = d\left(f'(u)\right)du + f'(u)d(du) = f''(u)du^2 + f'(u)d^2u$$

由于 u 不是自变量，du 一般不是常量，d^2u 仍是 u 关于 x 的二阶微分，不会恒等于零，du^2 代表（du）^{2}。显见，这与 u 作为自变量时的二阶微分是不一样的。这一事实说明高阶微分不具有形式不变性，也是高阶微分与一阶微分之间的重要差别。所以需要强调：求复合函数的高阶微分时，要逐阶求值。

（二）多元函数的偏导数与全微分

1.多元函数的偏导数

对于多元函数而言，任何一个自变量的改变都能够引起函数值的变化。因此，函数的改变量与自变量的改变量之间的关系就复杂得多。从简单情况而论，可以考虑所有自变量中只有一个发生改变，其余保持不变时，所引起函数值的改变量与自变量改变量的比，这就引出偏导数的概念。以下以二元函数为例予以讨论。

定义 1 设函数 $z=f(x,y)$ 在点 (x_0,y_0) 的某一邻域内有定义，当 y 固定在 y_0 不变而在 x_0 处有增量 Δx 时，相应的函数有增量 $f(x_0,\Delta x,y_0)$，$f(x_0,y_0)$。如果

$$\lim_{\Delta x \to 0} \frac{f(x_0 + \Delta x, y_0) - f(x_0, y_0)}{\Delta x}$$

存在，则称此极限为函数 $z=f(x,y)$ 在点 (x_0,y_0) 处对 x 的偏导数，

记作：$\dfrac{\partial z}{\partial x}\Big|_{\substack{x=x_0 \\ y=yx_0}}, \dfrac{\partial f}{\partial x}\Big|_{y=yx_0}$ 或 $f_x(x_0\ y_0)$ 即：

$$f_x(x_0, y_0) = \lim_{\Delta x \to 0} \frac{f(x_0 + \Delta x, y_0) - f(x_0, y_0)}{\Delta x}$$

类似地，函数 $z=f(x,y)$ 在点 (x_0,y_0) 处对 y 的偏导数定义为：

$$\lim_{\Delta y \to 0} \frac{f(x_0, y_0 + \Delta y) - f(x_0, y_0)}{\Delta y}$$ 记作 $\dfrac{\partial z}{\partial y}\Big|_{\substack{x=x_0 \\ y=yx_0}}, \dfrac{\partial f}{\partial y}\Big|_{x=x_0}$ 或 $f_y(x_0, y_0)$

由以上定义可知，在计算 $z=f(x,y)$ 在 (x_0,y_0) 处对 x 的偏导数时，可以先把 $y=y_0$ 代入函数中，而计算一元函数 $f(x,y_0)$ 的导数。事实上，若记 $\varphi(x)=f(x,y_0)$，则

$$\varphi'(x_0) = \lim_{\Delta x \to 0} \frac{\varphi(x_0 + \Delta x) - \varphi(x_0)}{\Delta x} = \lim_{\Delta x \to 0} \frac{f(x_0 + \Delta x, y_0) - f(x_0, y_0)}{\Delta x} = f_x(x_0, y_0)$$

因此，从某一方面来说，计算多元函数的偏导数与求一元函数的导数并没有本质的区别。

如果函数 $z=f(x,y)$ 在区域 D 内每一点 (x,y) 处对 x 的偏导数都存在，那么这个偏导数就是 x,y 的函数，我们称其为函数 $z=f(x,y)$ 对自变量 x 的偏导函数，记作 $\dfrac{\partial z}{\partial x}, \dfrac{\partial f}{\partial x}, z_x$ 或 $f_x(x,y)$

类似地，可以定义函数 $z=f(x,y)$ 对自变量 y 的偏导函数，记作

$\dfrac{\partial z}{\partial y}, \dfrac{\partial f}{\partial y}, z_y$ 或 $f_y(x,y)$。

由偏导数的概念可知，$f(x,y)$ 在点 (x_0,y_0) 对 x 的偏导数 $f_x(x_0,y_0)$ 就是关于 x 的偏导函数 $f_x(x,y)$ 在点 (x_0,y_0) 处的函数值；$f_y(x_0,y_0)$ 就是偏导函数 $f_y(x,y)$ 在点 (x_0,y_0) 处的函数值。同一元函数的导函数一样，在不至于混淆的地方也把偏导函数简称为偏导数。在求某些偏导数时，若能注意到以上两点，会带来很大的方便。

2. 多元函数的全微分

当所有自变量都发生改变时，函数值的改变量称为全改变量。此时，为了描述函数全改变量与自变量改变量之间的关系，定义了函数的全微分。仍以二元函数为例予以讨论。

定义 2　如果函数 $z=f(x, y)$ 在点 (x_0, y_0) 的全增量

$$\Delta x = f(x_0 + \Delta x, y_0 + \Delta y) - f(x_0, y_0)$$

可以表示为 $\Delta z = A\Delta x + B\Delta y + O(\rho)$，其中 A，B 不依赖于 Δx，Δy。而仅与 (x_0, y_0) 有关，$\rho = \sqrt{(\Delta x)^2 + (\Delta y)^2}$，则称函数 $z=f(x,y)$ 在点 (x_0, y_0) 可微分，而 $A\Delta x + A\Delta y$ 为函数 $z=f(x,y)$ 在点 (x_0, y_0) 的全微分，记作 dz，即：

$$y=y_0 = A\Delta x + A\Delta y$$

由一元函数知，可导与可微等价，且可导函数是连续函数。这些结论在多元函数中都不成立了。因此，学习这一部分知识时，应注意与一元函数中的相关结论进行对比学习，以加深理解和记忆。

下面集中列出涉及多元函数中几个基本概念之间关系的命题或结论：

（1）函数在一点连续一定在该点存在极限。但是，反之不成立。

例如函数，$f(x,y) = \begin{cases} 1, x^2 + y^2 \neq 0 \\ 0, x^2 + y^2 = 0 \end{cases}$ 在原点极限是 1，但不连续。

（2）函数在一点连续，偏导数不存在。

例如：函数 $f(x,y) = \sqrt{x^2 + y^2}$ 在原点连续，但是偏导数不存在。事实上，

$$f_x(0,0) = \lim_{x \to 0} \frac{f(x,0) - f(0,0)}{x} = \lim_{x \to 0} \frac{\sqrt{x^2}}{x} = \lim_{x \to 0} \frac{|x|}{x}$$

是不存在的。

（3）偏导数存在，函数不一定连续。

例如函数 $f(x,y) = \begin{cases} 1, xy \neq 0 \\ 0, xy = 0 \end{cases}$ 在原点是不连续的，但是其偏导数存在。事实上，

$$f_x(0,0) = \lim_{x \to 0} \frac{f(x,0) - f(0,0)}{x} = \lim_{x \to 0} \frac{1-1}{x} = 0,$$

同理，$f_y(0,0) = 0$

（4）函数在一点可微，则在该点一定连续。反之，是不成立的。

例如上述（2）中的函数，在原点连续，偏导数不存在，当然也不可微。

（5）函数在一点可微，则在该点的偏导数一定存在。但是，反之不成立，即偏导数存在，函数不一定可微。

（6）函数的偏导数在一点连续，则函数在该点一定可微。但是，反之不成立。即函数在一点可微，其偏导数不一定连续。

这说明，函数在原点是可微分的。

综合上述讨论，可以看出判别函数在一点是否可微的一般方法步骤为：

（1）检查函数在该点是否连续。若不连续，则函数不可微。

（2）当函数连续时，求该点处的偏导数，如果偏导数不存在，则该点不可微；若该点的偏导数连续，则该点可微。

（3）如果函数在点 (x_0,y_0) 的偏导数存在，但是不连续。则检验下述极限是否成立。

$$\lim_{\substack{\Delta x \to 0 \\ \Delta y \to 0}} \frac{\left(f\left(x_0+\Delta x, y_0+\Delta y\right)-f\left(x_0,y_0\right)\right)-\left(f_x\left(x_0,y_0\right)\Delta x+f_y\left(x_0,y_0\right)\Delta y\right)}{\sqrt{\left(\Delta x\right)^2+\left(\Delta y\right)^2}}=0$$

如果上述极限成立，则函数 $f(xy)$ 在点 (x_0,y_0) 可微；否则，不可微。

三、微分中值定理

微分中值定理包括罗尔定理、拉格朗日定理、柯西定理、泰勒定理。这组定理中的公式深刻揭示了函数与其导数之间的内在联系，刻画了函数在整个区间上的变化与导数概念的局部性之间的联系，使得我们可以利用导数所具有的性质（局部性质）去推断函数本身应具有的性质（整体性质），是研究函数性质的理论依据。学习这部分内容时，应借助于几何图形的直观性，帮助理解定理的条件、结论以及证明的思路，特别要体会辅助函数的构造方法。

定理1（罗尔定理）若函数，$f(x)$ 满足下列条件：

（1）在闭区间 $[a,b]$ 上连续：

（2）在开区间 (a,b) 内可导；

（3）$f(a)=f(b)$

则在 (a,b) 内至少存在一点 c，使得 $f'(c)=0$

说明①定理中的三个条件作为一组是充分条件，缺少任何一个条件都不一定保证定理的结论成立。例如

函数 $f(x)=\begin{cases} x, 0 \leqslant x < 1 \\ 0, \quad x=0 \end{cases}$ 在区间 $[0,1]$ 上满足条件（2）和（3），但不满足条件（1）。定理的结论就不成立。

函数 $f(x)=|x| \ 0 \leqslant x \leqslant 0$，在区间 $[-1,1]$ 上满足条件（1）和（3），但不满足条件（2）。定理的结论就不成立。

函数 $f(x)=x$, $0 \leqslant x \leqslant 1$ 在区间 $[0,1]$ 上满足条件（1）和（2），但不满足条件（3）。定理的结论就不成立。

②罗尔定理中的条件不是必要条件，即结论成立并非要求某一条件必须具备。例如，

$$f(x)=\begin{cases} 1, 0 \leqslant x \leqslant \dfrac{\pi}{4} \\ \sin x, \dfrac{\pi}{4} \leqslant x \leqslant \pi \end{cases}$$

在区间 $[0,\pi]$ 上不连续，在点 $x=\dfrac{\pi}{4}$ 处不可导 $f(0)\neq f(\pi)$，即该函数不具备罗尔定理中的任何一个条件，但是，却存在着点 $x=\dfrac{\pi}{2}$，使得结论成立：

$$f\left(\frac{\pi}{2}\right)=\cos\frac{\pi}{2}=0$$

③结论中强调"在 (a,b) 内至少存在一点 c，使得 $f'(c)=0$ 这表明两层意思：一是这样的点 c 肯定有，并且在开区间 (a,b) 内；二是这样的点 c 可能有多个。这个定理（包括后面的几个中值定理）是强调了符合结论的"中间值"c 的存在性定理，这可能正是"中值定理"名称的由来。尽管没有明确它等于什么，也没有指出如何求得它，但是，在理论上却有重要的意义。

④可以将有限区间推广到无穷区间：设函数 $f(x)$ 在区间 $(a,+\infty)$ 上连续，在开区间 $(a,+\infty)$ 内可导，$f(a)=\lim\limits_{x\to+\infty}f(x)$。则在 $(a,+\infty)$ 内至少存在了点 c，使得 $f'(c)=0$。

事实上，若 $f(x)$ 是常量函数，则结论显然成立。以下假定 $f(x)$ 不是常数，不失一般性，假设存在 $x_0\varepsilon(a,+\infty)$ 使得 $f(x_0)>f(a)$。由于 $|f(a)=\lim_{x\to+\infty}(x)$ 根据定义知，对于 $\varepsilon=\dfrac{f(x_0)-f(a)}{2}$，存在 $X>0$，当 $x>X$ 时，$|f(x)-f(a)|<\varepsilon$ 即 $f(x)<f(a)+\varepsilon<f(x_0)$。由此断定连续函数 $f(x)$ 在区间 $(a,+\infty)$ 上的最大值必在（a，X）或 (a,x_0) 内的某点 c 取得。根据费马定理，有 $f'(c)=0$。

这个结论可以称为无穷区间上的罗尔定理。

有些人认为，可以将定理中前两个条件合并为"$f(x)$ 在闭区间 $[a,b]$ 上可导"这一个条件，虽然这个条件包含了条件（1）和（2），同样使得结论成立。不过，却使定理的适用范围缩小了。例如函数 $f(x)=\sqrt{1-x^2}$ 在区间 $[-1，1]$ 上满足罗尔定理中的三个条件，但是不满足"在闭区间 $[-1，1]$ 上可导"这个条件。如果采用加强后的条件，就无法得到相关的结论。

定理 2（拉格朗日定理）若函数 $f(x)$ 满足下列条件：

（1）在闭区间 $[a,b]$ 上连续；

（2）在开区间 (a,b) 内可导。

则在 (a,b) 内至少存在一点 c，使得

$$f'(c)=\frac{f(b)-f(a)}{b-a}$$

说明①定理中的条件也是充分而非必要的。

②在该定理中添加条件"$f(a)=f(b)$"，则结论式自然成为 $f'(c)=0$。这说明罗尔定理是该定理的特殊形式，或者说拉格朗日定理是罗尔定理的推广形式。

③拉格朗日定理是应用最广泛的微分中值定理，也是微分学中最重要的定理之一。它建立了函数 $f(x)$ 在闭区间 $[a,b]$ 上的平均变化率（整体性质）与该函数在某个点处的变化率（局部性质）之间的联系，成为沟通函数及其导数的一个桥梁，为利用导数解决函数整

体性质问题提供了极大的便利。

④拉格朗日定理的证明通常需要构造一个辅助函数

$$\varphi(x) = f(x) - \left[f(a) + \frac{f(b) - f(a)}{b - a}(x - a) \right]$$

满足罗尔定理，然后利用罗尔定理的结论去证明。

这种证明方法称为构造法。它是高等数学中经常用到的一种重要的方法，这种方法的基本思想是先构造一个与欲证结论有关的辅助函数，然后由已知条件、相关的概念和定理，推导出要证的结论。

遇到较复杂的题目，应该用综合法和分析法两种方式进行思考。所谓综合法，就是由题设条件向要论证的最终结果思考，即考虑由题设条件能推出哪些中间结果，再由某些有用的中间结果推出最终结果。所谓分析法就是由最终结果反向推导，思考的方式是，要推得最终结果，只需证明出哪些论断即可。这种反向推导一旦与提设条件衔接起来，证明方案也就得到了。一般说来，分析法优于综合法。如果善于将两种方法结合起来使用，将会收到更好的效果。

定理3（柯西定理）如果函数 $f(x)$ 和 $g(x)$ 满足下列条件：

（1）在闭区间 $[a,b]$ 上连续；

（2）在开区间 (a,b) 内可导；

（3）在（a，6）内 $g'x \neq 0$。则在 (a,b) 内至少存在一点 c，使得

$$\frac{f'(c)}{g'(c)} = \frac{f(b) - f(a)}{g(b) - g(a)}$$

说明①公式左端的商与参数方程的导数公式相同，这使我们想到该公式可能与参数方程表示的函数有关。

②有人认为：因为函数 $f(x)$ 和 $g(x)$ 均满足拉格朗日定理的条件，所以存在点 $\xi \in (a,b)$，使得等式 $f(b) - f(a) = f'(\xi)(b - a)$ 和 $g(b) - g(a) = g'(\xi)(b - a)$

同时成立，从而有 $\frac{f'(\xi)}{g'(\xi)} = \frac{f(b) - f(a)}{g(b) - g(a)}$

这种想法是错误的，因为使得 $f(b) - f(a) = f'(\xi)(b - a)$，$g(b) - g(a) = g'(\xi)(a - b)$。

成立的未必是相同的 ξ，这是因为在使用拉格朗日定理时是对两个函数分别使用的。

即分别存在 ξ_1 和 ξ_2，满足 $f(b) - f(a) = f'(\xi_1)(b - a)$，$g(b) - g(a) = g'(\xi_2)(b - a)$。

二式相除是不能得到柯西定理的结论的。

③柯西定理的结论还可以具有如下形式：$\frac{f'(c)}{g'(c)} = \frac{f(b) - f(a)}{g(b) - g(a)}$

由此形式，可以很容易地证明当区间 $[a,b]$ 的长度趋于零时，点 c 趋于区间 $[a,b]$ 句的中点。这就从更深的层次说明了"中"值定理的意义。

拉格朗日定理是罗尔定理的推广，柯西定理又是拉格朗日定理的推广。当然，还可以推导出更广泛的中值定理。另外如前所说，微分中值定理在微分学的基础理论中占有重要

的地位，有关中值定理的证明题和计算题是微积分理论和习题的重要组成部分，掌握这方面的解题方法和技巧是学好整个微积分的关键之一。

多元函数的偏导数尽管与一元函数的导数没有质的区别，但是，在具体求多元复合函数、隐函数，特别是高阶偏导数时，还是存在着一些新的思维方式和方法。这一节主要通过具体的例子加以说明。

例 1：求函数 $z = x^2 - y^2 + t^2$，$x = \sin t$，$y = \cos t$ 的导数。

分析：求复合函数的导数，首先要搞清复合关系，确定哪些是中间变量，哪些是自变量。如果有多个自变量，就应该求偏导数；如果复合到最后，只有一个自变量，就应该求普通导数。

解：$\dfrac{dz}{dt} = \dfrac{\partial z}{\partial x} \cdot \dfrac{dx}{dt} + \dfrac{\partial z}{\partial y} \cdot \dfrac{\partial y}{\partial t} + \dfrac{\partial z}{\partial t} = 2x\cos t + 2y\sin t + 2t$

说明在上式中，既出现了 $\dfrac{dz}{dt}$ 又出现了 $\dfrac{\partial z}{\partial t}$。这是两个不同的导数：前者是复合后 z 作为自变量 t 的一元函数的全导数；后者是第一个函数式 z 作为中间变量 x, y, t 的三元函数时对 t 的偏导数。

例 2：设 $z = f(x, u, v)$，$u = \varphi(x, v)$，$v = \varphi(x, v)$，且所有函数都具有连续的偏导数，求 $\dfrac{\partial z}{\partial x}, \dfrac{\partial z}{\partial y}$。

分析：通过画出函数复合的"树形图"，可以发现 x 既作为最外层函数的中间变量，又是最终的自变量，且自变量有两个；"树梢"上共有四个 x，即有，四条"路"从 z 通向 $x : z \to x, z \to u \to x, z \to u \to v \to x$，$z \to v \to x$，因此在偏导数 $\dfrac{\partial z}{\partial x}$ 中就有四个和项；每个和项都是按链锁规则求复合函数的导数 $\dfrac{\partial f}{\partial x}, \dfrac{\partial f}{\partial u} \cdot \dfrac{\partial u}{\partial x}, \dfrac{\partial f}{\partial u} \cdot \dfrac{\partial u}{\partial v} \cdot \dfrac{\partial v}{\partial x}, \dfrac{\partial f}{\partial v} \cdot \dfrac{\partial v}{\partial x}$，其中各项中乘积因子的个数等于对应项的"链长"；和项中每个偏导数（以 $\dfrac{\partial u}{\partial v}$ 为例）都是对这两个变量（即 u 和 v）所共存的某个函数式求导（即 $u = \varphi(x, v)$）。总而言之，遵循"连线相乘，分线相加"的原则。

解：$\dfrac{\partial z}{\partial x} = \dfrac{\partial f}{\partial x} + \dfrac{\partial f}{\partial u} \cdot \dfrac{\partial u}{\partial x} + \dfrac{\partial f}{\partial u} \cdot \dfrac{\partial u}{\partial v} \cdot \dfrac{\partial v}{\partial x} + \dfrac{\partial f}{\partial v} \cdot \dfrac{\partial v}{\partial x}$　　$\dfrac{\partial z}{\partial y} = \dfrac{\partial f}{\partial u} \cdot \dfrac{\partial u}{\partial v} \cdot \dfrac{\partial v}{\partial x} + \dfrac{\partial f}{\partial v} \cdot \dfrac{\partial v}{\partial x}$

说明尽管 z 最终是 x，y 的二元函数，$\dfrac{\partial z}{\partial x}$ 与 $\dfrac{\partial f}{\partial x}$ 意义却不相同。前者 z 是复合后作为 x，y 的二元函数的偏导数，而后者是 z 作为 x，u，v 的三元函数时的偏导数。

例 3：设 $z = f(\varphi(x) - y, x + \psi(y))$，其中具有二阶偏导数，$\varphi$ 和 ψ 可导。求 $\dfrac{\partial z}{\partial x}, \dfrac{\partial^2 z}{\partial x^2}, \dfrac{\partial^2 z}{\partial x \partial y}$。

分析：若令 $u = \varphi(x) - y, v = x + \psi(y)$，则 $z = f(u, v)$ 成为"标准型"二元复合函数。据此 $\dfrac{\partial z}{\partial x} = \dfrac{\partial f}{\partial u} \cdot \dfrac{\partial u}{\partial x} + \dfrac{\partial f}{\partial v} \cdot \dfrac{\partial v}{\partial x}$，由于 u, v 是我们引进的中间变量，不应该在最后的结果中含

有它们。为此，可采用如下约定记号：f_1' 表示函数 f 对其第一个变量求导，即相当于 $\frac{\partial f}{\partial u}$；$f_{12}''$ 表示函数 f 先对其中的第一个、后对第二个变量求的二阶导数；以此类推。因此，$\frac{\partial z}{\partial x} = f_1' \cdot \varphi'(x) + f_2' \cdot 1$ 在求二阶导数即这个一阶导数式的导数时，应该注意到 f_1', f_2' 和函数 f 具有对 x, y 相似的复合关系，即它们仍然是关于 u, v 的函数，而 u, v 又复合给 x, y

解：$\frac{\partial z}{\partial r} = f_1' \cdot \varphi'(x) + f_2', \frac{\partial^2 z}{\partial r^2} = \frac{\partial(f_1')}{\partial r} \cdot \varphi'(x) + f_1' \cdot \varphi''(x) + \frac{\partial(f_2')}{\partial r} = \left(f_{11}'' \cdot \varphi'(x) + f_{12}'' \cdot 1 \right)$

$\varphi'(x) + f_1' \varphi''(x) + \left(f_{21}'' \cdot \varphi'(x) + f_{22}'' 1 \right) = f_{11}'' \varphi'(x)^2 + f_{12}'' \varphi'(x) + f_1' \varphi''(x) + f_{21}'' \cdot \varphi'(x) + f_{11}''$

$\frac{\partial^2 z}{\partial x \partial y} = \frac{\partial(f_1')}{\partial \psi} \cdot \varphi'(x) + \frac{\partial(f_2')}{\partial y} = \left(\left(f_{11}''(-1) + f_{12}'' 1 \right) \psi'(y) \right) \cdot \varphi'(x) + \left(f_{21}'' \cdot (-1) + f_{22}'' \psi'(y) \right) = -f_{11}'' \varphi'(x) + f_{12}'' \varphi'(x) \cdot \psi'(y) - f_{21}'' + f_{22}'' \psi'(y)$

说明在求二阶偏导数时，不要试图一步把结果计算出来，而应该先"摆好"算式，再逐个计算。这样，一是可避免计算错误，二是清晰明白，便于检查。如该例中的 $\frac{\partial^2 z}{\partial x^2} = \frac{\partial(f_1')}{\partial x} \cdot \varphi'(x) + f_1' \cdot \varphi''(x) + \frac{\partial(f_2')}{\partial x}$ 和 $\frac{\partial^2 z}{\partial x \partial y} = \frac{\partial(f_1')}{\partial y} \cdot \varphi'(x) + \frac{\partial(f_2')}{\partial y}$ 就是"摆好的中间式子"。

第三节　积分思想与方法

一、积分学的产生与黎曼积分

（一）积分学的萌芽时期

求曲线的弧长，曲线所围区域的面积，曲面所围的体积，物体的重心等。这些问题在古希腊已开始研究，因此说到面积、体积和弧长的计算，图形中心的定位，可以追溯到遥远的古希腊。

1. 欧多克索斯的穷竭法

与苏格拉底相同时代的巧辩家安提丰（约公元前 500）是对圆的求积问题作出贡献的第一人。安提丰提出，随着一个圆的内接正多边形的边数逐次成倍增加，圆与多边形面积的差将被穷竭安提丰的论断包含希腊穷竭法的萌芽。但穷竭法通常以欧多克索斯命名。欧多克索斯是古希腊柏拉图时代最伟大的数学家和天文学家。生于小亚细亚西南的克尼图斯。他假定量是无限可分的，证明了棱锥体积是同底同高的棱柱体积的 1/3，以及圆锥体积是同底同高的圆柱体积的 1/3。但他没有明确的极限思想。

2. 阿基米德的平衡法

阿基米德对穷竭法做出了最巧妙的应用。阿基米德大约于公元前 287 年出生在西两里岛的叙拉古。叙拉古是当时希腊的一个殖民城市。公元前 212 年，多乌人攻陷叙拉古时阿基米德被害。城被攻破时，他正在潜心研究画在沙盘上的一个图形。一个刚攻进城的罗马士兵向他跑来，身影落在沙盘里的图形上，他挥手让士兵离开，以免弄乱了他的图形，结果那士兵就用长矛把他刺死了。阿基米德的死象征一个时代的结束，代之而起的是罗马文明。

阿基米德有十部著作流传至今，有迹象表明他的另一些著作失传了。现存的这些著作都是杰作，计算技巧高超，证明严格，并表现出高度的创造性。在这些著作中，他对数学做出的最引人注目的贡献是积分方法的早期发展。

在阿基米德《论球和柱体》一书中，第一次出现了球和球冠的表面积、球和球球的体积的正确公式。《论球和柱体》一书分为两卷。在第一卷的命题33和34的推理中，他指出，如果圆柱的底等于球的大圆，圆柱的高等于球的直径，则球的表面积恰好等于圆柱的总面积（包括侧面积和两底的面积）的2/3，圆柱的体积恰好等于球的体积的3/2，由此不难得出我们熟知的公式：

$$S = 4\pi r^2, \quad V = \frac{4}{3}\pi r^3$$

其中 S 和 V 分别表示半径为 r 的球的表面积和体积。

这些结果是通过一系列命题一步一步推导出来的，其过程蕴含着积分思想。

阿基米德的另一短论"方法"是1906年才发现的。这个短论在形式上是致亚历山大里亚大学依拉托斯芬书的一封信。在这个短论中，阿基米德说，他以特殊的方法得出了他的结果，其中形式上利用了杠杆平衡理论，但本质上含有曲线组成平面图形，由平面组成立体的思想。这种借助"原子论"方法找到的真理，阿基米德用反证法给出了严格的证明。

圆柱的体积和圆锥的体积比较好求，这在阿基米德时代早已知道。求球的体积要困难得多。阿基米德借助圆柱和圆锥的体积求出了球的体积，并利用穷竭法给出了一个严格的证明。数学史家克莱因曾这样评论道，阿基米德的严格性比牛顿和莱布尼兹的要高明得多。

在阿基米德的平衡法中，他把一个量看成由大量的微元所组成，这与现代的积分法实质上是相同的。阿基米德的著作是希腊数学的顶峰。

阿基米德对他在《论球和柱体》一书中做出的贡献十分满意，以至于他希望在他死后把一个内切于圆柱的球的图形刻在他的墓碑上。后来当容马将军马塞拉斯得知他在叙拉古陷落期间被杀的消息时，他为阿基米德举行了隆重的葬礼，并为阿基米德立了一块墓碑，上面刻着阿基米德生前要求的那个图形，以此来表示他对阿基米德的尊敬。这块墓地后来湮没了。令人惊奇的是，1965年，当为一家新建的饭店挖地基时，铲土机碰到一块墓碑，上面刻着一个内切于圆柱的球的图形，于是叙拉古人便为他们的这位伟人重建了营地。

3. 不可分素方法

第一个试图阐明阿基米德方法，并将其方法给予推广的是德国的天文学家和数学家开普勒。开普勒在1615年写了一本书名为《酒桶的新立体几何》，书中包含用无穷小元素求面积和求体积的许多问题，其中有87种新的旋转体的体积。开普勒工作的直接继承者是B·卡瓦列里。卡瓦列里于1598年生于意大利的米兰。他是伽利略的学生，从1629年起他一直担任波洛尼亚的大学教授，于1647年谢世，享年49岁。他对数学的最大贡献是1635年发表的关于不可分素法的专论，名为《不可分素几何学》。

卡瓦列里说："要决定平面图形的大小可以用一系列平行线；我们设想在这些图形上画了无穷多平行线以同样的方式处理了立体，只是那里不是直线，而是平面，这些直线（或平面）就是不可分素。他的不可分素法写得晦涩难懂，使人难以确切理解"不可分素"到底是什么。

卡瓦列里利用不可分素法解决了整数幂的幂函数的积分问题。用现代的语言说，他算出了下面的积分：$\int_0^{am} x\mathrm{d}x = \frac{1}{m+1}a^{m+1}$。

开普勒每次只能算具体的体积，而没有形成一个一般的方法，卡瓦列里在开普勒的基础之上更进了一步。

把卡瓦列里的结论稍加整理就得出卡瓦列里原理：

第一，如果两个平面处于两条平行线之间，并且平行于这两条平行线的任何直线与这两个平面片相交，所以二线段长度相等，则这两个平面片的面积相等。

第二，如果两个立体处于两个平行平面之间，并且平行于这两个平面的任何平面与这两个立体相交，所得二截面面积相等，则这两个立体的体积相等。

卡瓦列里原理是计算面积和体积的有用工具，它的基础很容易用现代的微积分严格化。承认这两个原理我们就能解决许多求积问题。

卡瓦列里的不可分素方法引起了很大的争论，也得到很大的发展。从法国数学家费马的通信中可看出，他也得到了卡瓦列里的一般结果，比卡瓦列里还要早一些。另外还应该提到英国数学家沃利斯（John Wallis，1616-1703）的著作《无穷数量的算术》，他把计算联系到自然数的方蒂和的问题在他的著作中明白地提出了极限过程。

更接近于定积分的现代理解法的是法国数学家、物理学家和哲学家帕斯卡。他计算了种种面积、体积、弧长，并解决了球重心位置等一系列问题。

4. 刘徽的贡献

中国古代数学家对微积分的贡献很少为世人所知，但是中国古代数学家对微积分的确作出了重大贡献，我们需要在这里花一点笔墨介绍一下。

刘徽是中国数学史上非常伟大的数学家，活动于魏晋时期。他是中国古典数学理论的奠基者之一。他的杰作《九章算术注》和《海岛算经》，现在有传本，是我国最可宝贵的数学遗产。刘徽全面论述了《九章算术》所载的方法和公式，指出并纠正了其中的错误。刘徽对积分学的贡献主要有两点：

第一，刘徽的割圆术是他最著名的一项工作。他应用极限思想证明了圆面积公式，并给出了计算圆周率的方法。他从圆内接正六边形开始，依次得正十二边形，正二十四边形。割得越细，正多边形的面积与圆的面积之差就越小。他"割之弥细，所失弥少。割之又割以至于不可割，则与圆周合体而无所失矣"。他提出的计算圆周率的科学方法奠定了此后千余年中国圆周率计算在世界上的领先地位。

（2）解决体积问题的设想。《九章算术》中已有计算球体体积的公式，相当于 $V=\dfrac{9}{16}d^3$（这里d是直径）。刘徽指出这个公式是错误的，原因在于错误地把球与外切圆柱体积的比看成3：4，为了推导体积公式，刘徽在正方体内做了两个相互垂直的圆柱并称两圆柱的公共部分为"牟合方盖"。他虽未能完成球的体积的推导，但他正确地指出，"牟合方盖"与其内切球体体积之比为4：π，在算法理论和数学思想方面都给后人以极大的启发。

5.祖暅原理

二百年后，祖冲之的儿子祖暅沿着刘徽的思路完成了球体公式的推导。祖暅，字景烁，是南北朝时南朝著名的数学家和天文学家。在梁朝做过员外散骑侍郎、太府卿、南康太守等官职。他从小就受到良好的家庭教育，青年时代已经对天文学和数学有了很深的造诣，是祖冲之科学事业的继承者，《缀术》就是他们父子共同完成的数学杰作。

在推导"牟合方盖"体积的过程中，祖暅提出了"幂势既同，则积不容异"的原理，后来称为"祖暅原理"用现代语言来说，就是若两立体在等高处具有相同的截面面积，则这两立体的体积相等。这就是前面提到的卡瓦列里原理，但比卡瓦列里早了一千年。根据祖暅原理，可将"牟合方盖"的体积化成一个正方体和一个四棱锥的体积之差。由此：求出"牟合方盖"的体积等于 $\dfrac{2}{3}d^3$，并得到球的体积为 $\dfrac{1}{6}\pi d^3$，这里 d 是球的直径。

（二）黎曼积分

现在我们要追溯一下历史，看一看黎曼是在什么样的历史背景下提出他的积分理论。

这就需要从傅立叶讲起。傅立叶从研究大量物理问题（主要是热传导问题）出发，指出"任何函数 $f(x)x\in[-\pi,\ \pi]$，都可以写成一个无穷级数，

$$f(x)=\frac{a_0}{2}+\sum_{n=1}^{\infty}(a_n\cos nx+b_n\sin nx)$$

然而，在傅立叶时代，"任何函数"是一个说不清的问题，其实傅立叶所说的"任何函数"是指连续函数。无论如何，当函数的不连续性逼迫人们必须予以正视时，从傅立叶系数 a_n 与 b_n 的定义式看，就十分有必要研究不连续函数的积分。

把定积分定义为积分和的极限，是柯西首先提出的。但是他假设 $f(x)$ 在区间 $[a,b]$ 上连续。如果 $f(x)$ 在 $x=c$ 处有间断，则定义 $\int_a^b f(x)\mathrm{d}x=\int_a^c f(x)\ \mathrm{d}x+\int_c^b f(x)\mathrm{d}x$。现在用的反常积分的定义也是柯西给出的。但是比较一般的函数的积分如何定义，则是黎曼1854年在研究三角级数（即傅立叶级数）时提出来的，当时黎曼已意识到，这一项研究虽然不一定有直接的物理学上的应用，但在数学上却是重要的。

有一种偏见，以为数学的发展是一帆风顺的：从几个不辩自明的真理（公理、公设），以及任意设定的某些对象的性质（定义）出发，按照一些确定的推理规则，就可以得出一个又一个确定无疑的真理。从这个意义上说，数学的方法论是"先验"的。但是数学之为

"先验"只是相对于其他科学之"后验"而言。其实，数学的发展同样充满了争论和矛盾。数学家发现了一些真理，以为它是正确的。后来的数学家发现了其中有不少毛病、漏洞，而且这些毛病和漏洞常以反例形式出现。这样，人们去清理前辈的工作，补足他们的缺失，发展他们的成就。甚至许多定义也不是确定于证明之前，而是产生于证明过程之中。举一个例，早先莱布尼兹就认为，如果连续函数的级数 $\sum\limits_{n=1}^{x} u_n$ 叫收敛，则其和也一定连续。柯西也是这样想的，而且（怀着对天才莱布尼兹应有的尊敬）力图去证明它。可到后来柯西给出了连续函数的定义之后，才知道这个连续曲线并非连续函数的图像。可是柯西仍然力图去证明那个可以追溯到莱布尼兹的"定理"，他的这种努力甚至见于他为数学分析严格性奠基的力作《代数分析教程》。直到1876年，阿贝尔指出，柯西的"定理"有例外。最终打破这个哑谜的是塞德尔（P.L.Seidel），他在1847年分析柯西用 $\varepsilon - N$ 语言来表达的证明时指出，这个N不仅依赖于且还依赖于 ε 还依赖于 $x, N = N(\varepsilon, x)$。如果 x 只能取有限多个值，从这些中自然可以找出最大的一个值 $N(\varepsilon)$。但若 x 可以取无穷多个值（例如某一区间 $[a,b]$ 中的一切值），则 $N(\varepsilon, x)$ 就不一定有有限的最大值 $N(\varepsilon)$ 以适合一切 x 点了，因此柯西的证明失效。塞德尔在自己的论文中说了这样一段话："方才已经确认，定理不是普遍有效的，因为它的证明必定依赖某个额外的隐蔽假定（即对一切 $N(\varepsilon, x)$ 有限的最大值一作者注）。有鉴于此，我们要给证明做一次更细微的分析。发现那个隐蔽的假设倒不很难。于是可以反推这假设所表达的条件确是表示不连续函数的级数满足不了的。从分析柯西的证明入手，人们找出了漏洞，发现了收敛的级数应分为两类，一类是 $N(\varepsilon, x)$ 有最大值的，另一类则是没有的。至此，一致收敛性的定义呼之欲出。可见并不是人们先验地有了一致收敛性定义，并由之证明了相应定理，而是从证明过程中这个定义自己跑到我们面前。我们只好承认它，应用它。当时看到了这一点的不只有塞德尔，还有斯托克斯、魏尔斯特拉斯稍早一些也在幂级数研究中独立地得到了一致收敛性概念。到底是谁首先明确宣布这个定义，现在人们一般归功于魏尔斯特拉斯。不过斯托克斯、塞德尔还有傅立叶本人都指出它与收敛速度有关。一致收敛的案例说明了数学的发展并不是先验的，反例的重要性在于它揭露了无法回避的矛盾。数学的发展并不是为了说明种种反例，相反，研究反例是为了发展数学。19世纪最后二三十年出现了大量"反例"，正表明数学的深入发展，在数学对世界的认识的过程中起了极大作用，这可以说是现代数学的一大特点。黎曼积分正是这种历史背景下出现的第一个系统的积分理论。

黎曼第一个提出可积性问题，即要求刻画出使

$$\int_a^b f(x)\mathrm{d}x = \lim \sum f(\xi_i)(x_i - x_{i-1})$$

中极限存在的函数类。

二、定积分的概念与基本理论

（一）定积分的概念

在考察曲边梯形的面积时，采用了分割、近似、作和、取极限的思想方法。在用同样的思想方法考虑变速直线运动的路程、非均匀细棒的质量等问题时，都会遇到以直代曲、以常量代替变量的手法，最终也都归结为同一类特定和式的极限。剥去上述问题的几何意义和物理意义，抓住它们在数量关系上共同的本质与特性加以概括和抽象，就得到一类数学模型——定积分。

定义：设 $f(x)$ 是定义在区间 $[a,b]$ 上的有界函数，T 是 $[a,b]$ 上具有分点，$x_0,x_1,\cdots,x_n$ 并且满足 $a=x_0<x_1<x_2\cdots x_{n-1}<x_n=b$ 的任意划分。记 $\Delta x_- = x_i - x_{i-1}$，同时也用 Δx_i 表示第 i 个小区间，$\|T\| = \max_{1 \leqslant i \leqslant n}\{\Delta x_i\}$ 若对任意选取 $\xi_i \in \Delta x_i$，作函数值 $f(\xi_i)$ 与小区间长度 Δx_i 的乘积 $f(\xi_i)\Delta x_i$。并做出和 $\sigma_n = \sum_{i=1}^{n} f(\xi_i)\Delta x_i$

如果不论对区间 $[a,b]$ 怎样划分，也不论 ξ_i 在 $[x_{i-1},x_i]$ 上怎样选取，只要当 $\|T\| \to 0$ 时，和式 σ_n 总趋于确定的极限 I，则称函数 $f(x)$ 对在区间 $[a,b]$ 上可积，并称极限值 I 为函数在区间 $[a,b]$ 上的定积分。记作 $\int_a^b f(x)\mathrm{d}x$，即 $\int_a^b f(x)\mathrm{d}x = \lim_{\|T\| \to 0} \sum_{i=1}^{n} f(\xi_i)\Delta x_i$

说明①对于区间 $[a,b]$ 的一个分法 T；由于点 ξ_i 的"任意选取"，可以得到无数个不同的和式，而区间 $[a,b]$ 也可以有无数种划分，所以和式 σ_n 有无穷多个。

②定义中的和式 σ_n 与分法有关，当然也与 n 有关，而不能像数列那样令 $n \to \infty$ 取极限来代替 $\|T\| \to 0$ 的极限过程。这是因为：首先，σ_n 不是完全意义上的数列。其次，$\|T\| \to 0$ 时必定 $\|T\| \to 0$，但是反过来却不一定。

③积分和 σ_n 虽有无穷多个，但要求当 $\|T\| \to 0$ 时，不论怎样得到的 σ_n（对于任意的分法 T 和点 ξ_i 的任意取法）都趋于同一个极限 I。因此，要用定义判别定积分是否存在，就要考虑对区间的"所有分法"及点 ξ_i 的"所有取法"而构成的无穷多个和式，是否有相同的极限，这实际上是不可能的。

不过，教材中的例题或做练习时却允许通过对区间的等分、点 ξ_i 的特殊选取得到的一种和式，而取极限得到定积分。这在定积分存在时是允许的，因为定积分存在时，所有和式的极限都是相等的。如果尚不知 $f(x)$ 在区间 $[a,b]$ 上的定积分是否存在，则不允许如此处理。

④由定义可以看出，定积分的值只与被积函数和积分区间有关，与积分变量用哪个字母表示无关。

⑤定积分的本质是一个极限，用"$\varepsilon - \delta$"语言叙述就是：

存在常数 I，对任意 $\varepsilon > 0$，总存在 $\delta > 0$，对于任意分法 T，只要 $\|T\| < \delta$ 时，对任意的 $\xi_i \in [x_{i-1},x_i](i=1,2,\cdots,n)$，恒有

$$\left| \sigma_n - I \right| = \left| \sum_{i=1}^{n} f(\xi_i) \Delta x_i - I \right| < \varepsilon$$

⑥几何意义：当 $f(x)$ 是区间 $[a,b]$ 上的非负连续函数时，定积分 $\int_a^b f(x)\,\mathrm{d}x$ 表示区间 $[a,b]$ 上的曲边梯形（即由直线）$x=a$，$x=b$ 和曲线 $y=f(x)$ 围成的平面图形）的面积；若 $f(x)$ 是区间 $[a,b]$ 上的非正连续函数时，定积分 $\int_a^b f(x)\mathrm{d}x$ 是区间 $[a,b]$ 上的曲边梯形面积的相反数；当 $f(x)$ 是区间 $[a,b]$ 上的一般连续函数时，区间 $[a,b]$ 如上的曲边梯形的面积为 $\int_a^b f(x)\mathrm{d}x$。

⑦定积分定义中，要求 $f(x)$ 定义在有限闭区间上，并要求 $f(x)$ 是有界函数，这两点要求都是必需的。事实上，如果区间是无限区间，在对区间的有限划分时，n 个小区间中至少有一个是无限的，乘积 $f(\xi_i)\Delta x_i$ 中就至少有一个无意义。因此积分区间必须是有限区间。又如果被积函数 $f(x)$ 在区间 $[a,b]$ 上无界，那么至少存在一个小区间，不妨设 $[x_{k-1}, x_k]$，使得对 $[\forall M > 0]$，在 $[x_{k-1}, x_k]$ 上可以找到一点 ξ_k，满足 $\left| f(\xi_k) \right| > M$。于是
$$\left| f(\xi_1)\Delta x_1 + \cdots f(\xi_k)\Delta x_k + \cdots + f(\xi_n)\Delta x_n \right| = \left| f(\xi_1)\Delta x_1 + \cdots + f(\xi_k)\Delta x_k + f(\xi_n)\Delta x_n + \left[f(\xi_k^*) - f(\xi_k) \right] \right.$$
$$\left. \left[f(\xi_k^*) - f(\xi_k) \right] \Delta x_n \right| \geqslant \left| f(\xi_k) - f(\xi_k) \right| \Delta x_k - \left| \sigma_n \right| \geqslant \left| f(\xi_k) \right| \Delta x_k - \left| f(\xi_k) \right| \Delta x_k - \left| \sigma_n \right|$$

对于任意的正整数 N 总可以取定 M，使 $M > \dfrac{N + \left| \sigma_n \right| + \left| f(\xi_k) \right| \Delta x_k}{\Delta x_k}$

从而对任意的正整数 N 总可以找到 ξ^*，使得 $\left| f(\xi_1)\Delta x_1 + \cdots f(\xi_k)\Delta x_k + \cdots + f(\xi_n)\Delta x_n \right| > N$

这就是说，只要 $f(x)$ 在区间 $[a,b]$ 上无界，我们总可以通过点的选取，使得到的积分和式无界，其极限也必定不存在。所以，要把 $f(x)$ 在区间 $[a,b]$ 上有界作为定义中的前提条件（实际是定积分存在的必要条件）。

（二）积分的中值定理与微积分基本公式

类似于函数的微分中值定理，定积分也有如下的中值定理：

定理1（积分第一中值定理）设函数 $f(x)$、$g(x)$ 都在区间 $[a,b]$ 上，且 $g(x)$ 在区间 $[a,b]$ 上不变号。则存在 $\mu \in [M,m]$，使得，
$$\int_a^b f(x)g(x)\mathrm{d}x = \mu \int_a^b g(x)\mathrm{d}x$$

其中 M,m 分别在区间 $[a,b]$ 的上、下确界。

说明①如果 $f(x)$ 在区间 $[a,b]$ 上连续（其他条件不变，以下同），则对于 $\mu \in [m,M]$，至少存在一点 $\xi \in [a,b]$，使得 $f(\zeta) = \mu$。于是上述结论成为
$$\int_a^b f(x)g(x)\mathrm{d}x = f(\xi) \int_a^b g(x)\mathrm{d}x$$

②如果 $f(x)$ 在 $[a,b]$ 上连续，$g(x)=1$ 则上述结论称为 $\int_a^b f(x)g(x)\mathrm{d}x = f(\xi^\xi)(b-a)$

这就是我们最常使用的积分中值公式。它建立了函数在一点的局部性质与函数在区间上积分的整体性之间的关系，从而可以从被积函数的性质出发研究其积分的特点。反之。

定理 2（积分第二中值定理）设 $f(x)$ 在区间 $[a,b]$ 上单调，$g(x)$ 在区间 $[a,b]$ 上可积。则至少存在一点 $\xi \in [a,b]$，使得 $\int_a^b f(x)g(x)\mathrm{d}x = f(a)\int_a^\xi g(x)\mathrm{d}x + f(b)\int_\xi^b g(x)\mathrm{d}x$。

定理 3（微积分学基本定理）如果函数 $f(x)$ 在区间 $[a,b]$ 上连续，则积分上限函数 $\Phi(x) = \int_a^x f(t)\mathrm{d}t$ 在区间 $[a,b]$ 上具有导数，并且它的导数是

$$\Phi(x) = \frac{\mathrm{d}}{\mathrm{d}x}\int_a^x f(t)\mathrm{d}t = f(x)(a \leqslant x \leqslant b)$$

牛顿—莱布尼兹公式也称为微积分学基本公式，并且它的条件可以减弱。

定理 4 若函数在区间 $[a, b]$ 上可积，$F(x)$ 在 $[a,b]$ 三连续，且除去至多有限个点外有 $F'(x)=f(x)$。则 $\int_a^b f(x)\mathrm{d}x = F(b) - F(a)$。

证 明 对 $[a,b]$ 的 任 意 包 括 所 有 不 满 足 $F'(x)=f(x)$ 的 点 作 为 其 分 点 的 划 分 T：$a = x_0 < x_1 < x_2 \cdots < x_{n-1} < x_n = b$

由于 $F(x)$ 在每个小区间 $[x_{k-1}, x_k]$ 上满足拉格朗日定理的条件，于是

$$F(x_k) - F(x_{k-1}) = f(\xi_k)\Delta x_k$$

从而 $F(b) - F(a) = \sum_{k=1}^n \left[F(x_k) - F(x_{k-1})\right] = \sum_{k=1}^n f(\xi_k)\Delta x_k \geqslant \|T\| \to 0$ 取极限，得到 $F(b) - F(a)$

$= \lim_{|T| \to 0} f(\xi_k)\Delta x_k = \int_a^b f(x)dx$

需要说明的是，该定理中的 $F(x)$ 不是 $f(x)$ 的一个原函数，因为在 $[a,b]$，可上并不恒成立：$F'(x)=f(x)$。

微积分学基本定理保证了连续函数存在原函数，而可积函数是否存在原函数，上述两个定理都没有指明。实际上，函数可积与存在原函数没有必然的关系。

（1）在区间 $[a,b]$ 上存在原函数 $f(x)$ 未必可积。如 $F(x) = \begin{cases} x^2 \sin\dfrac{1}{x^2}, & x \neq 0 \\ 0, & x = 0 \end{cases}$

在区向 $[-1, 1]$ 上处处存在导数 $F'(x) = f(x) \begin{cases} 2x\sin\dfrac{1}{x^2} - \dfrac{2}{x}\cos\dfrac{1}{x^2}, & x \neq 0 \\ 0, & x = 0 \end{cases}$，

因此 $f(x)$ 在区间 $[-1, 1]$ 上有原函数 $F(x)$。但是由于 $f(x)$ 在区间 $[-1, 1]$ 上无界，所以它不可积。

（2）在区间 $[a,b]$ 上可积的函数 $f(x)$ 未必存在原函数。如

$$\mathrm{sgn}\, x = \begin{cases} 1, & x > 0 \\ 0, & x = 0 \\ -1, & x < 0 \end{cases}$$

在区间 $[-1, 1]$ 上可积。因为它只有一个第一类间断点 $x-=0$，而在区间上具有第一类间断点的函数在该区间上不存在原函数。

事实上，设 x_0 是函数 $f(x)$ 的第一类间断点（可去的或者跳跃的间断点）。假定 $f(x)$ 有原函数 $F(x)$，则

$$F'(x) = \begin{cases} f(x), x > x_0 \\ f(x), x < x_0 \end{cases}$$

若 x_0 是可去间断点，即 $f(x_0) \neq \lim\limits_{x \to x_0} f(x)$。从而

$$F'(x_0) = \lim\limits_{x \to x_0} \frac{F(x) - F(x_0)}{x - x_0} = \lim\limits_{x \to x_0} f(\xi) \neq f(x_0)$$

其中 ξ 是介于 x 与 x_0 之间的值。

若 x_0 是跳跃间断点，即 $f(x_0+0) \neq f(x_0-0)$。即此时有

$$F'+(x_0) = \lim\limits_{x \to x_0+0} \frac{F(x) - F(x_0)}{x - x_0} = \lim\limits_{x \to x_0} f(\xi_1) \neq f(x_0+0) \quad;$$

同理可得 $F'-(x) = f(x_0-0)$。这说明 $F'(x_0)$ 不存在，更不等于 $f(x_0)$。综上所述，$F(x)$ 不是 $f(x)$ 的原函数，即 $f(x)$ 没有原函数。

牛顿—莱布尼兹公式架起了联系微分与（定）积分的桥梁，尤其是对定积分的计算十分重要。但是在使用时一定要注意公式成立的条件。牛顿—莱布尼兹公式成立的条件还可以进一步地放宽。

定理设 $f(x)$ 在区间 $[a,b]$ 上分段连续（即除去有限个第一类间断点外皆连续），$F(x)$ 在 $[a,b]$ 上连续且除去 $f(x)$ 的间断点外均有 $F'(x) = f(x)$。则 $\int_a^b f(x)\mathrm{d}x = F(b) - F(a)$。

证明设 $c \in (a,b)$ 是唯一的一个第一类间断点，则

$$\int_a^b f(x)\mathrm{d}x = \int_a^c f(x)\mathrm{d}x + \int_c^b f(x)\mathrm{d}x = [F(c) - F(a)] + [F(b) - F(c)] = F(b) - F(a) \quad。$$

三、定积分的元素法思想及其应用

作为定积分概念的引例，在求曲边梯形的面积的过程中，可以看出：尽管将区间 $[a,b]$ 分成了 n 份，我们却只选用了第 i 个小区间 $[x_{i-1}, x_i]$ 作为代表，并在该区间上以直代曲，用小矩形的面积作为小曲边梯形的面积的近似值。于是，在实际操作中，设想把 x 的变化区间 $[a,b]$ 分成一些小区间，选取其中一个代表性小区间记作 $[x, x+\mathrm{d}x]$，其长度为 $\mathrm{d}x$，它是如此之小，以至可以认为小区间 $[x, x+\mathrm{d}x]$ 上的小"窄条"的面积近似于高为 $f(x)$、底边为 $\mathrm{d}x$ 的小矩形的面积。我们把它称为所求面积 A 的面积元素，记作 $\mathrm{d}A$，即 $\mathrm{d}A = f(x)\mathrm{d}x$。

将这些面积元素"累积"起来就是所求的面积，而这一"累积"过程就是积分，故所求面积为：

$$A = \int_a^b \mathrm{d}A = \int_a^b f(x)\mathrm{d}x$$

以上我们导出积分表达式的分析方法就称为元素法（或微元分析法）。其关键一步是在积分变量的代表性小区间 $[x, x+\mathrm{d}x]$ 上，求出该小区间所对应的那部分所求量的近似表达式：$f(x)\mathrm{d}x$，其中 $f(x)$ 为 x 的连续函数。

我们自然会问：所求的量 A 满足什么条件，就可以按照元素法的思想用定积分来计算呢？答案是 A 具备下列条件：

（1）A 是与自变量 x 的变化区间 $[a,b]$ 有关的量。

（2）A 是连续分布在区间 $[a,b]$ 上的一个具有可加性的常量，即如果把 $[a,b]$ 分成许多部分小区间 $[x_{i-1},x_i]$，则量 A 相应地分成许多部分量 ΔA_i，而这些部分量加起来的和正好等于 A。

（3）能够将 ΔA_i 用一个连续函数近似地表示出：$\Delta A_i = \left[f\left(\xi_i\right) + \varepsilon_i \right] \Delta x_i$，其中 $f'(x)$ 是定义在区间 $[a,b]$ 上的连续函数，$\xi_i \in [x_{i-1},x_i], \varepsilon_i \Delta x_i = \mathrm{O}(\Delta x_i)$ 从而 $\Delta A_i \approx f\left(\xi_i\right) \Delta x_i$。

可以证明：当所求量 A 满足上述三个条件时，A 可以化为定积分

$A = \int_a^b f(x)\mathrm{d}x$ 事实上，

$$A = \sum_{i=1}^n \Delta A_i = \sum_{i=1}^n \left[f\left(\xi_i\right) + \varepsilon_i \right] \cdot \Delta x_i = \sum_{i=1}^n f\left(\xi_i\right) \Delta x_i + \sum_{i=1}^n \varepsilon_i \Delta x_i$$

令 $\varepsilon = \max_{0 \leqslant i \leqslant n}\{\varepsilon_i\}$ 则 $\left| \sum_{i=1}^n \varepsilon_i \Delta x_i \right| \leqslant \varepsilon(b-a) \to 0(\| T \| \to 0)$，从而 A 表示为 $\sum_{i=1}^n f\left(\xi_i\right) \Delta x_i$ 与

无穷小量 $\sum_{i=1}^n \varepsilon_p \Delta x_i$ 之和，根据无穷小与函数极限的关系得到

$$A = \lim_{|T| \to 0} \sum_{i=1}^n f\left(\xi_i\right) \Delta x_i = \int_a^b f(x)\mathrm{d}x$$

具体使用元素法解题的一般步骤为：

（1）根据问题的具体情况，适当地选取坐标系和积分变量，并确定积分变量的变化区间 $[a,b]$；

（2）设想将区间 $[a,b]$ 分成许多小区间，相应的量被分成许多部分量 ΔA 之和：任取一个小区间 $[x,x+\mathrm{d}x]$ 作代表，以常量代替变量、以直线代替曲线、以均匀代替非均匀等思想考虑相应于该小区间上的部分量 ΔA 的近似值。如果能够近似地表示为区间 $[x,x+\mathrm{d}x]$ 上的一个连续函数 f 在点 x 处的函数值 $f(x)$ 与 $\mathrm{d}x$ 的乘积（即 ΔA 与 $f(x)\mathrm{d}x$ 之差是比 $\mathrm{d}x$ 高阶的无穷小）。就把 $f(x)\mathrm{d}x$ 称为量 A 的微元。记作 $\mathrm{d}A$ 即 $\Delta A \approx \mathrm{d}A = f(x)\mathrm{d}x$。

（3）以量 A 的微元在区间 $[a,b]$ 上做定积分就得到 A 即

$$A = \int_a^b \mathrm{d}A = \int_a^b f(x)\mathrm{d}x$$

上述解题步骤中的关键是第二步，利用常量代替变量、以直线代替曲线、以非均匀代替均匀的辩证思想寻找微元时，一定要选取合适的函数 $f(x)$，既要尽量简单便于积分，又要切实保证 ΔA 与 $f(x)\mathrm{d}x$ 之差是比 $\mathrm{d}x$ 高阶的无穷小。可以断定，只要 $f(x)$ 在区间 $[a,b]$ 上连续，且使得 $m_i \Delta x_i \leqslant \Delta A_i \leqslant M_i \Delta x_i$（其中 m_i 和 M_i 分别是 $f(x)$ 在小区间 $[x_{i-1},x_i]$ 上的最小值和最大值）成立就足以保证 ΔA 与 $f(x)\mathrm{d}x$ 之差是比 $\mathrm{d}x$ 高阶的无穷小。事实上，

$$\left[m_i - f\left(\xi_i\right) \right] \Delta x_i \leqslant \Delta A_i - f\left(\xi_i^*\right) \Delta x_i \leqslant \left[M_i - f\left(\xi_i\right) \right] \Delta x_i$$

其中 ξ_i 是小区间 $[x_{i-1}, x_i]$ 上任意一点。不等式各项同除以 Δx_i，得

$$m_i - f(\xi_i) \leqslant \frac{\Delta A_i - f(\xi_i)\Delta x_i}{\Delta x_i} \quad M_i - f(\xi_i)$$

由于 $f(x)$ 在区间 $[x_{i-1}, x_i]$ 上连续，显然有 $\lim\limits_{\Delta x_i \to 0}\left[m_i - f(\xi_i)\right] = \lim\limits_{\Delta x_i \to 0}\left[M_i - f(\xi_i)\right] = 0$

从而 $\lim\limits_{\Delta x_i \to 0} \dfrac{\Delta A_i - f(\xi_i)\Delta x_i}{\Delta x_i} = 0$

亦即 $\Delta A_i - f(\xi_i)\Delta x_i = O(\Delta x_i)$。

四、积分的统一形式及基本积分方法

用微元法的思想看待定积分、重积分、曲线积分和曲面积分，它们有着共同的形式：

设函数 $f(P)$ 定义在 $k(1 \leq k \leq 3)$ 维有界且可度量（即可求其长度、面积或体积）的点集 E 上，将点集用分割 T 划分成 n 个部分点集：$E_1, E_2, \ldots E_n$。

记各部分点集的度量值为 $\Delta e_i(i = 1,2,\cdots,n)$，各点集的直径为：

$$d(E_i) = \sup\left\{|A-B| \mid A \in E_i, B \in E_i\right\}$$

其中 $|A-B|$ 表示 E_i 中 A 点与 B 点的距离，$i = 1,2,\cdots n$ 令 $\|T = \max\left\{d(E_1), d(E_2) \ldots d(E_n)\right\}$，在点集 E_i 上任意取一点 P_i。作乘积 $f(P_i)\Delta e_i$，然后作

$$\sigma_n = \sum_{i=1}^{n} f(P_i)\Delta e_i (*)$$

如果不论对点集 E 怎样的分法，也不论在部分点集 ΔE_i 上怎样选取点 P_i，只要 $\|T \to 0$ 时，和式 σ_n 总趋于相同的极限 I，则称函数 $f(P)$ 在点集 E 上可积分，并把极限值 I 叫 $f(P)$ 在点集 E 上的积分。记作 $\int_E f(P)\mathrm{d}e$ 即

$$\int_E f(P)\mathrm{d}e = \lim_{|T| \to 0} \sum_{i=1}^{n} f(P_i)\Delta e_i$$

上述积分也是通过对函数的定义域 E 进行划分，在 E 的部分子集上任取一点，用这点处的函数值乘以该子集的度量值，然后作和得到积分和式，最后令分割加细取极限而得到的。

（一）分部积分法

分部积分法选取 u 和 v 原则：一是由 $\mathrm{d}v$ 能够较易地求出 v，否则往下无法进行；二是转换后的不定积分 $\int u\mathrm{d}v$ 应比转换前的 $\int u\mathrm{d}v$ 容易积分，否则，就没有意义了。

分部积分的关键在于正确地分离 u 和 $\mathrm{d}v$，在此，告诉读者一个技巧：LIATE（谐音"爱她"）选择法。其中 L 代表对数函数；I 代表反三函数；A 代表函数；T 代表三角函数；E 代

表指数函数。如果在一个积分表达式中同时出现这五类函数中的任何两类，就在 LIATE 中选取字母在前那个字母所代表的函数类作为 u，其余的部分作为 dv。

（二）有理函数的积分

有理函数是一类重要的初等函数，其积分也是一类常见的积分类型。求积的方法大都通过将有理函数分解成部分分式再予以积出。在具体的分解过程中，所用的待定系数法计算量较大，求解较为繁琐且容易出错。这里根据多项式理论和微积分知识，推导出四种常用的分解方法，在实践上非常易于操作。

1. 求导代根法（适用于有理函数的分母具有单实根的情形）

设既约真分式 $\dfrac{P(x)}{Q(x)}$ 的分母 $Q(x)$ 可分解成 $Q(x)=(x-a)Q_1(x)$，$Q_1(a)\neq 0$。

于是有 $\dfrac{P(x)}{Q(x)}=\dfrac{A}{x-a}+\dfrac{P_1(x)}{Q_1(x)}$（1）

从而可得 $P(x)=A\cdot Q_1(x)+(x-a)P_1(x)$

令 $x=a$ 代入上式解得到 $A=\dfrac{P(x)}{Q_1(x)}$（2）

又若对 $Q(x)=(x-a)Q_1(x)$ 两端求导，可得 $Q'(x)=Q_1(x)+(x-a)Q_1'(x)$

将 $x=a$ 代入上式，得到 $Q_1(a)=Q'(a)$。

代入（2）式得到 $A=\dfrac{P(a)}{Q_1(a)}$（3）

（3）式说明，在 $\dfrac{P(x)}{Q(x)}$ 分解而成的部分分式中，分母是 $Q(x)$ 的单重因式 $x-a$ 的分式之分子等于 $\dfrac{P(a)}{Q'(a)}$（即分母单独求导后所得分式在对应因式之根处的值）。显然，当 $Q(x)$ 能够分解成互不相同的一次实因式的乘积时，此法尤为优越。

2. 去因代根法

设 $Q(x)(x^2+px+q)Q_1(x)$，其中 $p^2-4_q<0$ 且 $Q_1(x^2+px+q)\neq 0$，

于是有：$\dfrac{P(x)}{Q(x)}=\dfrac{\lambda x+\mu}{x^2+px+q}+\dfrac{P_1(x)}{Q_1(x)}$

整理得：$P(x)=(\lambda x+\mu)Q_1(x)+\left(x^2+px+q\right)\cdot Q_1(x)$

令 $x^2+px+q=0$，并注意到 $Q_1(x^2+px+q)\neq 0$ 得：$\lambda x+\mu=\dfrac{P(x)}{Q_1(x)}\Big|\ x^2+px+q=0$

$x^2+px+q\left(p^2-4_q<0\right)$ 是 $Q(x)$ 的单重同式时，在 $\dfrac{P(x)}{Q(x)}$ 的部分分解式中，对应分母为 x^2+px+q 的分式的分子为：$\dfrac{P\left(x^2+px+q\right)}{Q_1\left(x^2+px+q\right)}$ 其中 $Q_1(x)=\dfrac{Q(x)}{x^2+px+q}$ 为 $Q(x)$。

消去因子 x^2+px+q 后的多项式，$Q_1(x^2+px+q)$ 为消去因式后将 x^2+px+q 代入值得的值，因此该方法称为"去因代根法"。

此法也适用于 $Q(x)$ 具有单重实根的情形，即使 $Q(x)$ 具有多重根时，该法也有一定的意义。

3. 极限法

此方法尤其适用于 $Q(x)$ 具有重根时求一次因式的系数的情形：

设 $Q(x)=(x-a)^2Q_1(x),Q_1(a)\neq 0$ ，于是有 $\dfrac{P(x)}{Q(x)}=\dfrac{A}{x-a}+\dfrac{B}{(x-a)^2}+\dfrac{P_1(x)}{Q_1(x)}$ （4）

两端同乘以 $x-a$ 得到 $\dfrac{P(x)}{x-aQ_1(x)}=A+\dfrac{B}{x-a}+\dfrac{(x-a)P_1(x)}{Q_1(x)}$ （5）

根据多项式理论知：$P(x),(x-a)P_1(x)$ 的次数分别不超过相应分母 $(x-a)Q(x)$ 和 $Q(x)$ 的次数，因此在（5）式两端关于 $x\to+\infty$ 取极限得：

$$A=\lim_{x\to+\infty}\left[\frac{P(x)}{x-aQ_1(x)}-\frac{x-aP_1(x)}{Q_1(x)}\right]$$

这说明当 $Q(x)$ 具有二重因式即 $(x-a)^2$ 时，在部分分解式中相应于二次式 $(x-a)^2$ 的分子可用去因代根法求得，相应于一次因式 $x-a$ 的分子可用极限法求得。

第五章 思维学导式数学教学

第一节 思维学导式数学教学的本质

教学设计是设计者头脑中教学理念和观念的体现，新的教学设计需要新的教学设计理念做基础。"为学而教"是创新教学模式和创新教学的设计理念，这种设计理念要求教学设计站在培养具有全面素质、有创新精神和实践能力人才的高度，以学生创新性的学习为中心，以学生的发展、创新精神和能力的培养为出发点和终点进行教学的多维设计。具体地说，就是三个维度四个方面。三个维度是：教的设计、学的设计、创新的设计；四个方面是：知识内容的设计、技能内容的设计、思想情感内容的设计、态度和方法内容的设计。

一、以"为学而教"的新教学设计理念与传统"为传授知识而教"的教学设计理念的区别

1. 教学设计的出发点不同

新理念下的教学设计出发点是为了学生的全面发展，为了学生创新精神和能力的增强；设计的教学是能让学生活泼自主发展的教学，是能培养学生创新精神和能力的教学。传统教学设计理念下的教学设计出发点是单纯地为了掌握知识或技能，而设计的教学是让学生被动地接受知识的教学。

2. 教学设计的最终目的不同

传统教学设计的最终目的是让学生拥有一定的知识，将来在升学考试中能取得好成绩。创新性教学设计的最终目的是通过学生拥有一定知识这一中介过程，使学生具有一定的创新精神和创新能力，如具备获取新知识和应用新知识解决问题的能力，具有积极对待问题的态度，勤于思考的习惯等。这是一种有利于形成学生创新精神和能力的新教学设计目标指向，教师在进行各方面的设计时要以激发和形成创新精神和创新能力为目标。这些设计包括学习环境设计、课程内容设计、学生活动设计等，它们的总目标是为学生提供条件，让其自主地进行创新。

3. 教学设计的立足点不同

传统的立足点是教材已有的逻辑体系，新理念下教学设计的立足点是学生已有的发展基础，创新的需要，及进一步发展的需要。教学成功的条件是教师能寻找出学生发展现状

与教育目标，以及内容之间可能形成衔接的部分，创新性地设计出解决衔接中可能会遇到的问题的途径与方法。因此，学生已有发展水平和进一步发展与创新的需要是进行教学的基础和动力，是教学设计的立足点。离开了这个立足点，设计得再好的教学都是无效的。

4. 教学设计的切入点不同

传统教学设计的切入点是已有的"知识点"，新教学设计理念下的教学设计切入点是情与思。以情为切入点就是通过创设一定的情境和氛围调动学生的情感；以思为切入点就是以怎么办、为什么、将怎么样等思维方面的问题、现象，激活学生的智力操作系统，使学生的大脑思维系统积极活动起来。学生是一个有情感、有思想、有心理活动的能动学习主体，人的情、思、行三者是紧密联系在一起的。只有通过一定的情境、情感体验，激活学生的情感系统，也就是动力系统，才能使学生产生学习与创新的欲望，才能不断给智力操作系统提供动力，促使学习和创新行为的发生。

5. 教学设计的着力点不同

知识讲解是传统教学设计的着力点，而新理念指导下的教学设计着力点是创新。创新包括两方面：一是教师自身教学的创新，即每一次新的教学设计与原来相比都有创新的方面；二是对学生创新精神和创新能力的培养。教学设计围绕培养学生创新精神和能力，找出教学中知识的重点、方法的重点和品格培养的重点。教学设计不只停留在知识技能传授的层面，而是上升到观念与方法层面。教师除了教知识、技能之外，还要教学习和创新的方法。

6. 教学设计的关注点不同

以往教学设计主要关注教学过程的完整性、系统性，新理念下的教学设计关注的是教学过程的创新性，不为追求完整和系统而牺牲发现和培养学生创新精神与能力的机会。如对教学中可能出现的临界点的预先设计。教学临界点是以突发性问题出现的，教师过去一般都不太注重教学中的突发性问题，经常是绕过它继续按原教学设计进行教学，力求教学过程的完整、流畅、系统。事实上，这些突发问题可能孕育着创新的机遇，也可能是教学过程中主次要矛盾关系转化所表现出来的现象。如果不给予足够的重视，就可能会失去培养学生创新精神和能力的机会或围绕次要矛盾进行教学，达不到预期的效果。

7. 教学设计的落脚点不同

传统教学设计的落脚点是教师讲了多少知识，现在教学设计的落脚点是对学生创新精神和能力培养了多少，追求效益最大化，这个最大化的效益包括育人效益、创新效益和知识传授效益。教学设计要落脚到通过教师的启发、引导和帮助，使每个学生都在创新精神和能力方面有所加强，在以同样的时间获得收益的人数与获得收益的方面都取得双倍功效。教学不仅要讲究形式，更要讲究实效，教师进行教学设计是希望使教学过程最优化，使所有学生都能参与到教学中来，从中受益，达到事半功倍的效果，好的教学，不只是教师对教材知识讲解得如何清楚明白，还应能帮助学生认识到学习内容的重要性、应用价值；要能帮助学生扩大视野，提高思想境界；能培养学生自主地吸收外界的有用信息，自主确定发展目标与方向的能力。

有了新的教学设计理念就会有教学设计的角度、广度和深度的创新；教师才会以新的视角去思考设计问题的出发点和方式；才有勇气突破原有的以讲授过程为设计中心、以教材和考试大纲为设计出发点和终点的直线思维定式，进行以学生的学和创新为中心、以学生的发展、创新精神和能力的培养为出发点和终点的多向曲线思维。

二、"为学而教"的教学设计理念，在设计教学目标、内容、过程、方法思路和环境中的转变

1. 改变教学目标的设计依据

变围绕教材设计教学目标为围绕学生创新精神和创新能力发展需要设计教学目标。在教师进行教学目标设计时，将改变过去那种仅按教材内容体系设计单一的知识技能目标的思路，站在促进学生创新精神和创新能力的发展及素质全面发展的高度，考虑学生德、智、美、体等几方面素质目标及创新精神与创新能力培养的具体目标，结合教材内容，但不仅仅拘泥于教材内容，广泛利用已有的教育资源，充分挖掘设计一节课或一单元的教学目标。

从以"知识获取"为目标的教学设计思路转变为以"解决问题，开发潜能"为目标的教学设计思路。前者以知识体系为基点，着眼过去，着眼传承文化遗产；后者以现实生活问题为出发点，着眼现实问题、心灵问题，着眼探索、创新。在这个目标的指引下设计的教学，能使学生感到学习内容离自己的现实生活很近，能充分发挥教育提高学生创新精神与能力的作用，能增强教育的多样性和针对性。

在设计教学目标时，教师要有培养学生创新精神和创新能力的主导意识。教师有了培养学生创新精神和创新能力的主导意识，就能自觉围绕"培养创新精神和创新能力"这个核心，研究确定教学目标；就不会把注意力完全集中在知识上，而是在使学生获得知识的同时，更加重视培养创新能力、态度和精神；就会以培养创新精神和创新能力为指向，认真研究教学大纲和教材，厘清具体教学的知识目标、能力目标和态度、思想观念目标之间的关系，有意识地强化能力目标和态度、思想观念目标。

2. 改变教学内容设计思路

变单纯以知识、技能为主的教学内容设计为知识、技能、态度、情感、思想方法等内容的综合设计，设计融有观念、知识、能力的综合性学习任务为主的教学内容；同时设计讲和学的内容，变散点的内容设计为条理化、结构化和整合化的设计。

由于教学目标设计的中心转移到创新和学生实际需要上来，不再局限于教材内容。因此，教师要围绕如何实现新目标，广泛收集教材以外的相关教育内容，而不能只考虑教材内容和钻研教材，而要对收集的材料进行综合、整理、提炼，这样教学内容才有深度和广度。教师备课也不能只备讲的内容及时间安排，而是要把备课的重点放在如何针对学生可能提出的问题和遇到的问题，教学中可能出现的问题，巧妙地设计引导学生进行广泛深入的思考、探索和实践的方法。

条理化、结构化和整合化的内容设计能更好地帮助学生理解和掌握知识体系，构建具有较强迁移性的大知识模块，学习建构知识体系和结构的方法，使学生知识结构化。结构化的教学内容是以概念和原理做支撑的。因此，内容设计应重点突出，体系简约，易于领会，易于记忆，便于帮助学生进行联想、迁移和应用。现在多数教师是从知识点、学科知识的层次性角度确定教学内容的设计思路。这主要源于对教学目标和知识含义的片面理解，认为知识、技能掌握目标就是教学目标；知识只是关于"是什么"的内容。其实，知识、技能掌握目标只是教学目标的一部分，"是什么"的知识只是知识内涵的一部分，知识的本来含义是包括发现探究知识的方法、掌握知识体系的方法与态度、科学精神及"是什么"的知识四部分。因此，设计教学内容时要将其结构化，设计为融有上述四大类知识的学习"实际任务"；将要讲的内容设计在具体的综合性学习任务的引导中。构建主义学习论指出，在任务学习中，学生能进行充分活动，能够充分调动学生学习的主动性与兴趣，学生在解决任务的学习过程中可以自主地充分地选择空间、创新空间。因此，将教学内容以任务学习方式设计呈现给学生是培养学生创新精神和实践能力的一种有效方式。

目前，我们的教学内容仍然存在远离学生生活实践的倾向，教师的教学内容更是局限于课本之中，大多数教师在设计教学内容时，其精力主要放在如何摆布课本，如何把课本内容讲完，很难做到科学地设计教学内容，更谈不上根据培养学生创新精神和创新能力的需要科学地选择教学内容。我们应该重建"教材观念"，革除"唯书为上"的陋习，依据教学大纲、儿童特点、当地实际和培养创新精神与能力的需要，选择和设计教学内容。课本也好、教参也好，都应是供选择的基本素材，都可以进行加工处理。选择和设计教学内容必须以学生的生活实践为基础，使他们能够看得见，听得见，摸得着的；是他们感兴趣的，是能激发他们的好奇心和求知欲的；是能够使他们提出问题，产生想象的，是他们乐于做的。

3. 改变教学过程设计思路

变过去那种只设计教师教学的过程为主要设计学生学习、探索创新的过程。设计教学过程时，以学生的学习探索过程和对学生学习策略、探索知识方法进行指导为主线，而不是以设计传授过程和学生模仿练习过程为主线。整个教学过程设计围绕调动学生主体性，使学生具备积极学习动机，能自主地学习，具有学习能力和创新能力而展开。既设计讲的过程和环节，也设计学习活动的组织、引导探索的过程与环节，通过引导学生参与应用知识解决问题的过程，帮助学生认识和发现知识的价值。因为知识可以通过查阅资料获得，而知识的价值只有在解决问题的实践中才能体现出来。

在以探索过程为主的教学过程设计中，重视影响探索行为产生的动机因素的设计。有关学习研究结果表明，自主学习的持续性来源于良好的学习动力系统，动机是动力系统的核心。影响学习动机的因素有四大类：注意力、切身性、自信心和满足感。因此，设计的探索过程要让学生逐步体验学习中的成功，获得满足感，激起学生不断探索的信心与欲望。如设计讨论教学过程，不仅要设计讨论的框架模式、议题，还要设计如何利用讨论中可能出现的契机来引发学生的学习动机，实现教学目标。

学习策略是学习过程中为了提高学习效率，运用各种认知过程及其不同组合形式开展学习活动的技术和方法。学生是学习的主体；学习是学生自觉、积极、主动的心智活动；学习的成功与否主要取决于学习者本人。因此，教师要在教学过程设计中，考虑组织学生学习活动中可能出现的问题、教育契机，设计相应的学习策略指导过程。这样，教师在教学中才能不失时机地对学生进行学习策略的指导。

4. 改变教学方法设计思维取向

将原来以技能训练法、教师讲授法为主的教学方法设计思维取向变为以促学法、促创新，"使学生学会学习和创新"为原则设计的教学方法。方法包括教的方法、思考方法、创新方法、一般学习方法及探索适合自己的学习方法。学习方法如制定长短计划的方法，把短时记忆转为长时记忆的方法，词汇、阅读、听力、写作、口语训练方法等。设计教学方法时，要将反思探究法、批判思维法、互动探讨法及技能训练法等多法结合起来，合理运用，教学方法的选取以帮助学生掌握学习方法、思维方法、创新方法为主。整个教学方法的设计都为创设开放性的互动的探究性的教学服务；为帮助学生从课堂走向社会、走向图书馆、走向实验室、走向网络世界服务；为帮助学生在解决问题中发现知识的价值、学会获取知识、学会创新服务。

笛卡尔认为，最有价值的知识是关于方法的知识。德国莱因兰 - 法尔茨州教育部明确提出，学生掌握方法比掌握知识更重要。教师要通过教学方法的设计，使所选择的方法不仅能对学生掌握学习方法有示范作用，还对学生学会学习和创新有促进作用。在设计选择方法时下面的问题都是需要教师考虑的：学生对所选的内容感兴趣吗？怎样做他们才能感兴趣？他们会发现问题吗？他们会发现什么样的问题？怎样做他们才会发现更多的问题？他们会尝试解决问题吗？他们能够解决到什么程度？怎样做才能使他们不断克服困难解决问题？通过这节课的学习，他们是否学会了或巩固了一种思考和解决问题的方法？总之，要使教师的"教"的活动始终为学生"学和创新"的活动服务，使学生学会发现问题，敢于和善于发现问题；学会提出问题，敢于和善于提出问题；学会做出假设，敢于和善于做出假设；学会观察，敢于和善于观察；学会实验，敢于和善于实验；学会想象，敢于和善于想象等等。

5. 改变过去不重视教学环境设计的观念

注重设计能营造促使学生主动学习和创新的教学环境。环境可以激发学生的情感、动机、思维，使它们处于激活状态，为进行主动学习、创新提供接触点。设计环境时，应尽量把学习情境并入真实生活情境中去，让学习与生活接壤；尽量用现代信息技术设备模拟问题情境，使学生在情境中感知，加强语义知识和形象知识的连接；尽量创设和谐、民主的人际环境，促使深入广泛的交流产生，促进师生、生生之间的互动。

教学环境的创设可采用语言渲染、讲故事、形象展示、组织竞赛、场景设计等方法。使用语言渲染方法时，语言要简明扼要、重点突出，主次分明，生动形象，迅速将学生的情绪鼓动起来，并辅以相应的语速，语气、语调，调节情境的气氛，控制情境的场面。用故事法时要能迅速将学生带入特定的情境，学生能想象自己已身临其境，能模仿故事中主角的故事。借助实物、画面、现代化教学技术和手段将事物的形象、特点和变化过程以直观的形式模拟展现给学生，帮助学生丰富想象的表象，加深对事物的理解；激发学生学习创新的兴趣和探索的欲望。比赛是学生乐于参加的一种活动形式，学生有明确的对抗对手、获胜和追求荣誉的本性，促使学生最大限度地调动自己的潜能，积极进行思维和创造。运用竞赛法可以培养学生的竞争意识和进取精神，以及团队协作精神。运用竞赛法创设你追我赶的竞赛氛围时，要注意对情绪的调节和量的控制。通过运用一些醒目的标志、图形、器材创设相应的问题情境和现实，增强学生的亲身感受，利用场景产生的这种身临其境的感觉，激发学生的学习和创新的激情。

教学设计思维创新，是对教学价值认识的深入，是教学价值实现创新的前提。也就是说，要在传统教学实现了教学的知识价值的基础上，通过新的教学设计实现教学的另外两个更高价值，即帮助学生发现知识的价值和帮助学生学习思维认识方法、实践方法、哲学方法的价值。

教学创新是当前教育创新的关键问题之一，我们从教学研究实践中深深感到，在现有条件下要进行教学创新虽然困难，但并不是不可能，关键是思想观念和思维模式要创新。这才可能在现有条件下，充分利用各种有利因素进行教学创新，培养具有创新精神和实践能力的高素质人才。

教学过程是由教师、学生、教学内容、教学方法和教学手段等因素构成的一个信息交互系统，在教学中有诸多因素影响教学目标的实现，因此必须对一些基本因素加以控制，才能使教学收到理想的效果。

（1）思维的立体性结构

钱学森指出："教育工作的最终机理在于人脑的思维过程。"因此，我们必须掌握教学过程中思维活动的客观规律，培养和发展学生的思维能力。

总的来说，教学过程有三种思维在发挥作用：一是教材编写者的思维，二是学生的思维，三是教师的思维。这三种思维在教学过程中都有其特定的目的性，所以又称为三种思路。它们仿佛是立体坐标系的三个坐标一样，构成了教学过程中思维的空间立体结构。这种立体的结构是相对静态的，而其功能则是动态的，因为教学不仅是在空间领域进行的一项思维活动，而且是在时间领域进行的一项思维活动（即是过程的）。在教学过程中，教材编写者、学生、教师三者的思路处于立体性的结构和运动状态——这便是"思维学导式"对教学过程中思维活动的客观规律的基本认识（或称"基本观点"）。

在教学过程中，这三种思维既彼此联系又相互作用。教材编写者的思维具有人为的规定性和针对性，是一种相对静态的给定思维信息，它明显地寓于教材这个信息载体里面，是师生思维加工的重要信息源。教师的教学思维是一种使教材的知识信息按照学生的思维实际重新加工组合，使静态信息变为动态信息的过程，并采用适宜的方式传输给学生。学生思维发展的现实性和可能性制约着教材选取内容的广度和深度以及内容排列组合的结构，制约着教材编写者的思维和教师思维。换言之，就是教材的编写难易度与教师施教的深浅度都受到学生思维接受能力的强弱度的制约。教师的教学思维既可以发展学生的学习思维为目的，又以学生的学习思维发展的现实性和可能性为依据。

在具体的教学过程中，教材编写者、学生和教师三者的思维彼此联系和相互作用，由平衡到不平衡，再由不平衡达到新的平衡，如此不断循环，不断向前运动，学生的思维便在这一运动过程中不断地获得发展和提高。"思维学导式教学"研究和掌握教学过程中思维活动的客观规律，目的就在于求得这三种思维的最佳的相对稳定性的立体组合，从而达到发展和提高学生思维能力的最优化境界，实现教学过程中思维结构的整体性效能。然而，这三种思维相互间的作用总是处于不平衡状态：有时，在此情况下，此过程中，某一种思维的作用体现得特别明显；有时，在彼情况下，彼过程中，另一种思维的作用体现得特别明显。因此，教材编写者、学生及教师三者思维的相对稳定性的最优化结构，总是寓于这三种思维的绝对性的运动之中。

在教学过程中，除了教材编写者的思维处于相对静止的状态以外，教师和学生思维的运动则是绝对的，是最活跃的——静止和运动是相对的，是不可分割的，而静态的结构总是以动态的形式出现。那么，如何在三种思维的绝对运动之中实现三种思维的相对稳定的最优化结构呢？这就需要进一步地探讨教学过程中三种思维的最优化运动。

（2）思维的最优化运动

倘若我们把课堂教学过程中的思维结构看作一个大系统，那么，组成这个大系统的三要素就是教材编写者的编辑思路、学生的学习思路和教师的教学思路。系统论的整体性规律告诉我们：系统在整体水平上的性质和功能不等于其组成要素孤立状态时的性质和功能的叠加。根据系统论的这一原理，我们认为，要使教学过程中的思维结构达到最优化，就必须使这三要素充分协调，有目的地和谐运动，保持课堂教学思维立体结构的整体性。通俗而言，关键就在于处理好这三要素之间的关系，谨防顾此失彼，一重一轻，或者不加调节，放任自流。例如，拿教材编写者的思路来说，如果这一思路不符合学生思维的客观实际，使教材内容的编排难易失当或者主次颠倒，就会降低学生学习的积极性，丧失"教材为我"的指导意义，削弱教学效果。为了培养学生的思维能力，就要求教材必须能根据学生学习课文的思维实际进行控制和调整，让教材编写者的思路与学生的学习思路同步运行，实现教学效率的提高。其中最突出的矛盾是学生学习的思路与教师施教思路关系的处理：倘若教师只考虑自己的施教思路而不顾学生的学习思路，那么，就会否定学生的主体作用，使教学变为"填鸭式""牵牛式"教学；反之，倘若只顾学生的思路而忽视教师自己的思路，就会走向另一个极端——取消教师的主导作用，教学流于"放羊式"，这两种情况只会损害教学的效果。

以上我们阐述了教学过程中三种思路都不可以偏废，这是不是说这三种思路应是一并列关系的罗列，备课与施教时必须面面俱到、平均使用力量呢？这不可能，也不科学，更没有必要。因为这三种思路具有不同的性质，属于各个不同的范畴，各自在特定的阶段显示其重要性，这三种要素之间的不平衡必然导致这三种要素的富于变化性。如，在学期初，进行提示与单元布置时，突出课本编写者的思路就很有必要；在自学、讨论、迁移应用时，学生的思路发展就显得十分重要；在引导、点拨、纠错、小结时，教师的思路就要起主要作用。在各个教学阶段里，这几项都要求做到并行不悖，但并不是要求平均使用力量，使教师备课与施教时穷于应付。

如何才能做到既不穷于应付又能并行不悖呢？解决问题的最佳办法便是分别明确各种思路的性质、作用及其相互关系。教材编写者的思路显然处于从属地位，它可以为学生学习提供优质的程序和合理的理论结构，使师生从中获得基本的知识信息。由于我国中小学多用统编教材，一两套课本很难做到适合各个地方学生的学情。所以，必须由广大师生根据自身特点灵活运用，才能实现为学生主体培养思维能力服务的目的。教师的施教思路不是在局部阶段中起作用，而是贯穿于教学活动的全过程，是对学生的思路起主导作用的思路。如：如何安排制度，何时提问质疑，怎样组织讨论，怎样点拨，怎样反馈，布置什么作业等等。教师负责贯彻国家教育方针和学科教学大纲，其思路在教学过程中是十分重要的。教师思路对学生思路的主导作用，不同于教师思路的支配作用，比较一下，就可看出两者明显的区别。

第一，教材编者的思路，在成为学科的教学内容之后，它是已经完成了的，是静止的、封闭的，所以应该听任师生的支配。而学生的思路，是正在进行的，开放的，更是迅速变化的，在正常教学秩序中，学生的思路往往反过来制约教师的思路。因此，在重视学生反馈信息的同时，教师思路要随学生思路的变化而变化。这就要求教师必须切实了解学生思维能力的实际，做好课堂教学思维的有效调控。

第二，我们的主要目的是培养和发展学生的思维能力，教材是为培养和发展学生的思维能力而设置的，教师思路对学生思路的主导作用也正是为了加速达到培养学生思维能力这个目标。一言以蔽之，教师思路就是利用教材思路为培养学生的思维能力服务。从这个意义上说，教师思路与教材思路处于同一个地位——从属的地位；起着同一个作用——辅助的作用，只不过教师思路的辅助作用是通过主导的形式表现出来而已。从教学过程实践上说是主导，从教学目的的任务上说是辅助。所以，也可以说是：辅助性的主导作用。这并非抹杀或降低教师思路的主导作用，而是强调教师思路的主导作用必须为优化学生思路这个主体思路而发挥作用。主导得好与不好，也得由学生思维能力培养的实际效益来检验。教师思维与教材思维要对学生思维这个主体起到最佳的辅助作用，就必须令其符合学生思维的发展规律，这是至关重要的。

通过对教师施教思路的组成部分进行剖析，可以看出，其无一不是以学生的学习思路为旨归。如：教师制定课时或单元教学的思维潜能开发计划；教师布置教学环节力求简明，用意就在于为学生思路的发展创造活泼生动的场合和条件；在教学过程中力求为学生提供思维支点，用意也在于开发学生的思维潜能；至于设计教学方法、教学艺术时，教师倾全力于启发式，培养学生的自学能力，目的便在于调动学生思路这个主体的积极性。因此，从备课与施教的操作实践看，教师思路包含孕育学生思路，这正说明教师思路在起主导作用；从备课与施教的本质意义看，学生思路始终处于主体地位，其他种种要素都是为优化学生思路服务的。这正是教学实现最优化，走向科学化和现代化的真谛。为什么有的教师的教案形式十分完整，内容头头是道，但在施教时却不能收到理想的效果呢？其原因就在于没能叩响学生思路这根弦。为什么有的教学设计、教学节奏似行云流水，行乎其所当行，止乎其所不得不止，课堂上时刻透出一股活力来？这种种奇迹的出现，全在于教师的思路与学生的思路紧密结合，产生共鸣，把学生的思维潜能充分地调动了起来。

明确了三种思维的性质、作用和相互间的辩证关系，我们便得出一个结论：备课、施教、编制教材时，主要应抓一种思路——即学生思路这个主体。唯其如此，这三种思路才会呈现出立体式的协调运动，在不平衡中不断发展，在三种思维的绝对运动之中实现三种思维的相对稳定的最优化结构。明确了这一点，我们备课和施教时，"火力"就可以高度集中，效率自然就会提高。

（3）师生立体思维的形成与发展

既然我们已经明白了教学过程中三种思维的立体性结构和最优化运动规律，那么，究竟这三种思维立体性的最优化运动对师生的思维有什么直接效用呢？

立体思维是人类思维发展的高级层次，它要求反映认识对象一定时间、空间或物体内部的结构、位置、网络及其运动变化。立体思维不仅反映事物的局部，而且反映事物的整体，揭示认识对象的本质、规律，形成多元思考的立体结构。这种思维的特点是既具有纵向思维性，又具有横向思维性，这种纵横交错的立体思维也叫立体思考。实现思维方式的改革和创造性思维的建立，关键在于克服学习过程中思维方式的单一和呆板，由单向的思维方式过渡到多样化、多视角的立体思维方式。教学过程中，教材编写者、教师、学生三者思维的立体性最优化运动，必然导致师生立体思维的形成和发展，具体表现在以下四个方面。

一是从平面型的思维方式转变为平面型和立体型相结合而以立体型为主的思维方式。平面型思维方式有利于把握认识对象的横向联系和并列关系，因而普遍适用于对基本原理的学习。但如果把这种思维方式固定化，会使我们对对象的考察只限于静止状态，从而形成思维方法的片面性和封闭性。

二是从收敛性的思维方式转变为收敛性和发散性相结合而以发散性为主的思维方式。发散性思维有利于把思维的触角伸进入未曾涉足的领域，探索新的奥妙，这是创造性思维的重要表现。但如果思维投入点过多过散，犹如蜻蜓点水，则我们的思维只能停留在知识的表层。因此，在学习过程中，收敛性思维是必要的，应当强调的，从某种意义上说，它是发散性思维的基础。

三是从顺向思维方式转变为顺向性和逆反性相结合而以逆反性为主的思维方式。顺向性思维在许多同学的学习过程中主要表现在从正面到反面，从理论到实际，从现在到未来，这虽然是重要的，但在思维路线上还应该有一个逆反过程，即从反面到正面，从实际到理论，从未来到现在，这样才能使我们的思维方式多样化，思维开阔，视野宽广。

四是从局部性思维转变为局部性和整体性相结合而以整体性为主的思维方式。局部性思维有利于我们循序渐进地了解认识对象的各个方面、各种联系，但局部性思维必须在整体思维驾驭下才能取得效果。如果只局限在局部思维，就将导致"只见树木不见森林"。

因此，可以说，"思维学导式教学"给师生开辟了广阔的思维领域，是培养学生立体思想的摇篮。它可以使学生冲出传统思维方式的藩篱，多渠道地另辟蹊径，在自己的想象世界中驰骋，从而充分发挥自身的思维潜能，去寻求诸多合理而又异乎寻常的知识坐标点。

第二节 思维学导式数学教学的原则

数学教学原则是数学教学理论的出发点，也是数学教学要取得成效所必须遵守的基本准则，它来自数学教学实践，反过来又指导数学教学实践，成为教师在数学教学过程中实施最优化教学的指导原理。

数学教学必须遵循教育学中所制定的一般教学原则，但作为一门具体的学科，它又有其自身特殊的教学目的、要求，有与其他学科不同的学科特点。因此，反映在教学原则上也必然有一些特殊的教学原则。

一、主体参与原则

主体参与原则的直接含义是：在教学中不仅教师要成为主体，同时也要使学生成为主体，教学要充分发挥教师和学生"双主体"的作用。主体化教学原则的深层次的或更为根本的含义是，教学要重在学生主体的培养，培养学生的"主体意识""主体能力""主体精神"和"主体人格"，为将来在社会实践中担当"主体角色"，发挥"主体作用"而奠定良好的基础。

思维学导式教学要把学生作为教学的真正主体，以学生生动、活泼、主动地发展为出发点和落脚点。主体性的一个重要品质是主动性，叶澜认为："主动性与人所特有的发展、创新的需要联系在一起，与学生生命活力的激发和潜在的可能实现联系在一起。 以主动性的态度去对待周围世界，对待自己的人生，人的生命过程就会积极呈现出自主的色彩，个体就会具有独特性，会出现创新，不仅创造出新的事物、新的方法、新的外部世界，而且会不断丰富自己的内在精神世界，创造新的生命历程"。在贯彻主体性原则时，要注意两点：一是把课堂还给学生，让课堂焕发出生命活力。还要给学生在课堂中独立、主动学习的时间与空间，让学生成为课堂教学的主人，并为学生充分展示其才能创设机会和条件，使他们在尝试、探究、交往等活动中，找到自己的"自由发展区"，获得生动、活泼、主动的发展，以此实现主体的构建。二是要发扬教学民主. 在课堂教学中，教师要给学生提供大量的独立钻研和自主实践的时间、空间和具体条件，要把功夫下在导学上。为此，教师首先必须改善师生关系，变以教师为中心为以学生为中心。教师要在三方面下功夫：一是要改变居高临下的心态，真心诚意地与学生平等交往与交流，在和谐融洽的气氛中协同完成教学。二是要实现角色转换，教师要由教育的操纵者、主导者转变为引导者、激发者和指导者，学生要由被动的受体转变为自主学习的人。三是放弃严格控制，让学生舒展天性，生动活泼地成长发展。

1. 教学主体

马克思说：主体是人，在课堂教学中，教师和学生有三重关系。一是教学关系，在教学关系中，教师是教的主体，学生是学的主体，教学内容是他们的共同客体。二是社会关系，在社会关系中，教师以交往对象学生为客体，自己是主体；学生以教师为客体，自己是主体。三是场关系，在场关系中，教师以教学场为客体，自己是主体；学生自己是主体，以教学场为客体。因而有两个主体，活动的主动者不同，指向不同，则主客体不同。我们一般所说的主体是指学习者，即学生，当指教师时就要有说明交代。

2. 主体意识参与

主体参与可分为主体意识参与、行为参与、情感参与和综合参与等。主体意识是主体的自我认识和体验，是主体的自我觉醒，是人性最集中的体现，是人性精华之所在。主体意识参与，表现为充分调动了主体意识的各种属性。主体意识有前动性、乐动性、动他性和创动性等属性。

调动主体的前动性，即让主体先于他人而动。前动是主动的主要表现，是主体因需要而产生的"主动介入其中"的积极行动。前动能赢得时间，掌握实现行为目标的主动权，表现出一种尝试精神，一种勇敢果断的人格特质。不是教师教了才学，而是学在教的前面；不是要我学，而是我要学。

调动主体的能动性，即让主体始终保持高涨的激情、愉悦的心境。"知之者不如好之者，好之者不如乐之者。"主体以最佳的精神状态，以"自觉承担责任"的状态参与到教学活动中去，劳动量最大，学得轻松而愉快。

调动主体的动他性。主体的存在主要表现为积极地、有目的地调动客体为自己服务，即"积极干预事态"。动他性在教学中表现为学生让教学内容活起来，学生让教师了解、适应自己的学习。动他，是互动的一种。

调动主体的创动性。创动性即任何行为都富有创意。录放机的行为仅是一种中介而绝不是主体产生的。史登柏格的智力三元理论认为，人的智力是分析、创造和应用三个相关而又相对独立的"元"组成。可见创造在学习中，在人的发展中的极其重要的地位。学习要寓接受学习于发现学习之中，接受学习是发现学习的基础和必要条件，发现和创新是学习的动因，主体是"努力创造发展"在学习过程的体现。

3. 主体行为参与

强调教学过程中学生主体的行为参与，在于强调在教学中注重学生的学习过程，从而教会学生学习。行为参与，即指导学生在学习过程中，将眼、耳、口、脑、手等神经系统和运动系统的器官充分调动起来，一方面利用自己独特智力结构和学习方法进行学习；另一方面尽量把人类历史积累的经验，把教师、同学现实创造的学习方法，内塑到主体的素质中去。行为参与强调课堂活动，强调学生动手。行为参与是提高主体学习效率的一种极有效的策略。

4. 主体全过程参与

这里的全过程，指学导式教学活动的全过程。它与一般教学不同的是：学生参与教师的教学设计，参与教学评价，还参与教学方法和教学规律的总结。

贯彻主体参与原则，要求在教学中做到以下几点：

（1）树立现代的学生主体观，确立学生的"主体地位"，尊重学生的"主体人格"，培养学生的"主体意识"。"教学"是"教"和"学"的有机统一，而学习是教学的中心；学生是教学中的主体之一，又是学习的唯一主体；是应学而教，教以促学，教师为学生服务，教师的一切工作都是为了促进学生的学习和发展——这是有效教学"学生主体观"的核心内容。按照这样的观点，在教学中师生之间是平等合作的关系，而不是传统的"师徒如父子"及"母爱"教育中的"亲子"关系。只有明确师生间平等合作的关系，才能确立学生在教学中的"主体地位"，才能培养学生的"主体意识"。师生间平等合作关系的核心是相互尊重和理解，学生虽然是未发育成熟的青少年，但作为人必定有人的尊严，有独立的人格，既有自尊心又要求受到别人的尊重。教师应努力清除我国文化传统中封建伦理辈分间绝对权威与绝对服从的心理积淀，在现代的民主平等观念基础上建立新型的师生关系，这样才能有利于培养学生的独立人格意识和主体意识。

（2）贯彻"教学的教育性"原则，培养学生以社会主义思想道德为核心的"主体思想"。培养学生主体性的全面发展是世界各国共同的追求，如美国提出要重建失落的传统价值和道德行为，日本也提出德智体协调发展，联合国教科文组织也提出要使学生"学会生存""学会关心"，要有较高的道德水准，而且在德智体美育和劳动技术教育方面都有较高素质。我国是社会主义国家，坚持社会主义思想教育，培养有社会主义觉悟，德智体全面发展的人，一直是我国社会主义教育的传统特色。所以我们的教师在教学过程中，一定要努力挖掘教材内在的教育因素，并结合教学实际、学生思想实际有机地对学生进行社会主义思想教育，使学生树立以社会主义思想道德为核心的"主体思想"，是培养学生独立的主体意识和人格的灵魂。

（3）贯彻"教学的发展性"原则，培养学生健康的"主体心理"，发展学生合理、和谐个性。教学不能没有认知，但教学不仅仅是认知；教学过程无论对教师还是学生，都是精神意识的全方位投入，心理过程—认知、情感和意志过程的整体参与，个性——个性倾向、个性心理特征和自我意识的综合展现。而且学生精神意识的提升、心理的培育、个性的发展，也只有通过教学过程才能得到具体的实施和实现。所以教师在教学中一定要树立把学生视为"生命体"的观念，在以认知为主体的教学中，随时关注学生的心理活动及发展，对于涉及学生心理和个性发展的现象和问题不要因考虑其有碍事先安排的教学程序而轻易放过，宁可调整教学程序而捕捉教育契机，进行适当的点拨教育。要精心护育学生个性发展，对于不正常的苗头、错误的行为要因势利导，切忌冷嘲热讽，否则师生间将产生心理隔阂，无法促进学生心理的正常发展。

（4）贯彻"传授知识与发展智力、培养能力相统一的原则"，培养学生的"主体能力"。前面讲过，按照现代认知心理学的观点，除了智商中先天遗传的因素之外，智力不是脱离知识而独立存在的神秘之物，它寓于广义的知识之中，既体现在丰富、扎实地（即在认知结构中逻辑化网络化）陈述性知识中，又体现在陈述性知识以"产生式"方式向程序性知识转化以顺利地分析问题和解决问题的智慧技能中，还体现在掌握认知策略，用以自觉地调控、支配自己的认知活动中。因此，在教学中，教师要自觉地掌握和运用三类知识——陈述性知识、程序性知识和方法性知识的学习规律，加强"双基教学"即基础知识教学和基本技能训练；并在"双基教学"中注重学生自学能力的培养，教给学生自学方法，逐步养成其自学意识和自学习惯。系统扎实地陈述性知识，分析问题、解决问题的程序性知识，再加上灵活适用的方法性知识，合起来便是完整的认知能力，即智力；掌握了智力，又养成良好的自学意识、方法和习惯，那么学生便具备了当前学习、终身学习及从事社会实践的"主体能力"。

主体参与的计划在于：通过构建学生的主体活动，完成认识和发展任务，促进学生的主体性发展。这体现了教学过程中科学实践观与主体能动性的统一、主体参与虽然是一种认识活动，但同样是作为过程展开的。思维学导式教学的过程，存在"目标—策略—评价"和"活动—体验—表现"两种基本形式，无论哪一种方式，在教学条件下，学生都主动参与。

主体参与原则主要是指：通过贯彻"以学生为主体，教师为主导，思维训练为主线，主动发展为主旨"的教学思想，课堂教学过程成为渗透思想、掌握知识、锻炼本领、自学发展的过程在课堂教学中，引导学生积极主动地提出问题，回答问题，主动参与小组或班级讨论；教师精讲多练，实施分层教学，使各类学生的素质达到分层发展、共同提高的目的。教师要做到"三个精心"：一要精心组织教学语言，在"趣"字上动脑筋，使学生"爱学"；二要精心安排结构，在"导"字上下功夫，使学生"会学"；三要精心设计课堂练习，在"练"字上下功夫，使学生"好学"。

主体参与教学原则的实施，核心问题是学生主体参与状态、参与度问题。不同学生表现出鲜明的个性差异，同一学生，在不同条件下也表现出程度、水平的差异。学生高的参与度主要表现在参与的能动性和全面性上。通过主动参与，还给学生学习的自主权，拓展学生的发展空间，引导学生挖掘创造潜能、开发创造力。这要求教师在教学过程中能激发学生的学习兴趣，创造学生主动参与的氛围和条件。为此教师应做到以下几点。

（1）延缓判断，对那些标新立异的思维闪光点要尽可能地给予鼓励性评价。

（2）允许学生从事实验、探究，对学生的偶然失误持宽容态度。

（3）当学生的见解出现错误和偏颇时，引导学生自己发现问题、自我纠正，将机会留给学生。

（4）热情地鼓励学生质疑问难、提问和辩论，以及勇于发表不同意见，使学生有心理安全感。

（5）把握好课堂教学的容量、节奏和时段衔接，给学生提供自由思考、独立探索解决问题的时间和空间。

主体有效参与（而不是低效参与、无效参与）的基本条件及策略是：①营造民主、宽松、和谐的氛围，形成相互尊重、信任、理解、合作的人际关系；②创设问题的情境；③引导思路，展示思维过程，使学生有较高的思维活动的质和量；④注意个别差异；⑤要从多方面培养学生参与的意识和不断提高他们主动参与的能力。

优化主体策略，从何入手呢？我们认为：

（一）把学习的主动 权还给学生

学生的认识活动只能通过自己的实践去感知、思考、分析、综合，这个过程是教师无法代替的，因此，把学习的主动权还给学生是符合认识规律的。我们的课内外扩展阅读，十分强调学生在主动学习的过程中自我发展，坚持以读为本，让学生自己读书，推崇在读中领悟，边读边思，让学生自己去感知语言，理解内容，领会语言，体察情感。

1. 把阅读时间还给学生

把时间还给学生，是学生主动学习的基本保证. 让学生有充分的时间去看、去读、去思、去悟；让学生有充分的时间去质疑、解疑、讨论、交流；让学生有充分的时间去动手实践、检查修正。总之，有了时间的保障，主体作用发挥得就更充分，作用也就更大。

2. 把作业的自主权还给学生

学生作业的自主权具体体现在以下三个方面：

（1）学生有选择作业的权利，即学生可根据各自的实际需要，有选择地完成教师布置的作业。

（2）学生有设计作业的权利，即学生可发挥各自的创造能力，自行设计训练练习题，供大家选用。

（3）学生有质询作业的权利，即学生一旦对作业有异议，可以大胆地提出质询，允许调整题型，更正答案。

3. 把质疑问难的权利还给学生

首先要鼓励学生敢于提问，然后引导他们善于提问。特别强调的一点是，在阅读过程中，学生提出的有关疑难问题，要鼓励他们通过自己阅读去解决问题，教师不要包办代替。通过质疑问难、查阅课外资料，学生不仅复习了旧知，获得了新知，而且养成了追求知识、爱好读书的习惯。

4. 把教学评价的权利还给学生

实践证明，在课内外阅读中，充分发挥评价功能是非常重要的，它能够促使学生的学习得到显著改进，改善学生的学习。

学习离不开讲评，自主学习更需要讲评，传统教学中的讲评，对与错、是与非、肯定与否定全由教师主导，而素质教育前提下学生自主学习，该由谁来讲评呢？应以学生自己评讲为宜，教师起导评作用。

学习过程中的讲评，可以由学生评学生，教师评学生，学生评教师。评价既要评优点、长处，也要评不足与短处，但避免单评缺点。讲评不是提意见，而是说理由，是表达自己的见解，教师讲评宜总体评讲，少一些个体的肯定与否定，少一些包办代替。教师应多一些指导性讲评，帮助学生学会评议。

讲评是自主学习的一个组成部分，通过参与讲评，学生可以提高认识，获取知识，锻炼能力。

（二）把学习方法教给学生

学生有了学习的自主权，就有了学习的积极性，但如果教师不及时抓住根本，进行学法指导，让学生掌握学习方法，学会自主学习，那么，学生的积极性将不能持久。因此，只有把学习方法教给学生，让他们学会学习，才能进一步发挥其自主学习的动力。学法指导主要通过以下四条途径进行。

1. 比较异同的指导

在导读中指导他们对其中一些相关因素进行比较，这可以帮助他们在新旧知识之间建立联系，从而加深对课文的理解。

2. 阅读思路的指导

阅读思路的指导，就是根据课文的教学重点和难点，从思考的路径上给予引导，在教学中进行阅读思路的学法指导，能使学生避免变分析课文为"分解课文"，这对于提高学生的整体阅读能力是很有好处的。

3. 加强迁移的指导

知识迁移指导，是指这样一种指导方法：教材中有的课文各部分之间的写法或结构是相似的，教师在教学中有意识地把其中有代表性的部分给学生讲深讲透，形成一个解读的范例；然后引导学生参照范例所提供的分析方法，去阅读、理解课文中相应的其他部分。

4. 因人而异地指导

因人而异地指导，是指利用课堂上学生思考、练习的时间，根据学生个体学习的需要，随机地就有关问题的学法进行个别指导。

二、创设问题原则

创设问题原则，就是指教师在教学活动中，应充分利用教材上的公式、定理和例题、习题为学生创设探究的出发点，激发学生探究知识的欲望。这一原则的实质就是激起学生积极地自觉地分析问题和解决问题的欲望。创设问题原则有两方面的含义，一方面，教师创设问题，学生接受问题挑战。另一方面，教师只是创设情境，让学生通过观察、分析、发现问题进而提出问题，教师引导学生归纳有价值的东西，使之成为集体的精神财富。

美国著名数学家哈尔莫斯在谈到数学教育时指出："我坚信问题是数学的心脏，我希望作为教师，无论在讲台上，在讨论班里，还是在我们写的书或文章里，要反复强调这一点，要训练学生成为比我们更强的问题提出者和问题解决者"。

对于思维学导式教学过程，设计好导学问题极为重要。提出导学问题，是向学生提出导学任务也就是学习目标，这是关系全局的重要一步。提出的导学问题应力求新颖，能够激发学生的好奇心和求知欲，引起学生心理上的"认知冲突"。

因此，创设问题原则有下列的要求：

（1）创设的问题既能激发学生的学习兴趣，又能使学生乐意接受问题的挑战。

（2）创设的问题具有障碍性。"障碍"是导致问题有价值的根本原因，哪怕学生在越过障碍时遇到困难，教师应是学生越过障碍的组织者和引导者。

（3）问题要提得新颖，给学生耳目一新的感觉，引起学生认识的冲突，激发学生探索问题的兴趣。

人的情感具有动力功能，即情感对人的行动有增强或减弱的效能。南斯拉夫教学论专家弗鲍良克说："情绪调节着学生对数学的态度和积极性。"教师提出的问题，如能引起学生的探究兴趣，就会使学生的学习情绪处于高涨状态，激发其寻找问题答案的积极性。能激发学生探究兴趣的问题，从内容上看，大多是与学生生活联系密切的问题。因此，教师提问时要注意从学生的生活实际出发，理论联系实际，不要从概念到概念，从理论到理论。从形式上看，问题要变化多样，形式单一的提问会使学生感到乏味。

（4）创设尝试情境，设置悬念。导学问题在一定的情境中提出，设置悬念让学生解决。一是在新旧知识的联系处；二是在理论与实践的联系处；三是在低层知识与高层知识的联系处等等。教师如果能在这些地方恰到好处地提出问题，就会在学生的认识中引起已知与未知、理论与实践、高层次与低层次之间的矛盾，激发学生积极探索的热情。

（5）联系实际。提出的导学问题要联系学生的生活实际，要能使学生感到新颖有趣。

（6）难度要适宜。问题新颖并不是加大难度，而是应根据学生的年龄特点和学习水平，提出难易程度适度的问题。问题适度是有效激发同化心向的关键。

（7）正确处理导学问题与课本内容的关系。导学问题应以课本内容为依据，在形式上力求新颖。以数学学科为例分析，一般尝试题是根据例题设计的，按照教学需要有四种设计方式：①与例题同类型、同结构、同难度，只改变内容、数字；②与例题的内容、形式、结构稍微有些变化，难度大致相同；③较例题略有变化，难度也略有提高；④直接以课本例题作为导学题。

乔治·波利亚在《怎样解题》中曾指出："重要的一点是可以而且应该是教师问的问句，将来学生自己也可以发出。"创设数学"问题发现情境"的根本目的是为学生设置一个真实的数学情境，让学生在提出问题的实践中增强问题意识和发现问题的能力，促进学生个性品质的和谐发展。在具体创设时，可运用以下策略方法：

1. 摆正师生角色，使学生敢提出问题

教学中，教师一定要使学生明确：

（1）增强问题意识、提高问题发现能力是学习的重要目标，提出问题是学生重要的学习内容和学习任务；

（2）课堂的本质是学生的"学堂"，是学生探索、讨论、交流的平台，而不是教师的"表演舞台"；

（3）课堂是"民主的、安全的"，学生完全可以按自己的意愿自由地提出问题，绝对不用担心因提出错误或不恰当的问题而受到讽刺和挖苦；

（4）教师欣赏学生用不同的思维方式方法从不同的侧面提出问题、探索问题。

2. 创设挑战性情境，使学生想提出问题

教师要由原来的精心设问，转变为精心创设"问题情境"。如以认知为目标，制造认知冲突，创设矛盾式的问题情境；以解决实际问题为目标，创设应用性的问题情境；以激发学生学习兴趣为目标，创设趣味性的问题情境；以激励学生探索为目标，创设开放性的问题情境事实上，只要从与学生的生活环境、知识背景密切相关的学生感兴趣的数学材料入手，就能有效地激发好胜心、好奇心与表现欲，强化学生探索的动机与需求，促使他们提出问题。如学习"等比数列求和公式"时，教师可先提供"古印度太子发不出奖品"和"阿喀琉斯永远也追不上乌龟"两则材料，然后请学生讨论、发现、提出问题。

3. 提供丰富的数学素材，使学生能提出问题

创设"问题情境"的实质是为学生架设攀登知识高峰的"脚手架"，为学生提供足够的探索空间。如学习"二项式系数的性质"时，教师可提供比外国人发现早将近千年的"杨辉三角"，然后由学生自己归纳、总结、发现、提出数学猜想，进而探索其中的奥秘。由于所提供的数学背景含有丰富的数字信息，因此每个学生都能发现、提出许多问题，且不同的学生会提出不同的问题，这样的情境能为每个学生提供足够的探索、研究和发展的空间，使每个学生都能进行"再发现"。

4. 加强发现问题策略指导，使学生善于提出问题

"问题情境"是否合适、有效，一方面取决于教师的设计，另一方面也取决于学生提出问题的策略与水平，因此我们不仅要使学生敢于批判质疑，而且还要使学生善于批判质疑，从技术层面提高他们发现问题的能力。就提出数学问题而言，以下四条是具有根本性意义的策略与方法。

（1）用数学的眼光看世界，从数学知识的来源与应用中提出数学问题

数学问题主要来自两个方面：一是生产生活实际与现实世界，二是数学知识自身的逻辑发展与建构。如何数字化、如何应用数学知识是数学教学中带有根本性的问题，也是学生提出数学问题的重要途径与方式。如学习"球面距离"时，引导学生探讨在通常情况下，大海中的轮船应该沿怎样的航线航行，空中的飞机应该沿怎样的航线飞行；学习"用基本不等式求最值"事例，引导学生从数学角度看易拉罐：为什么通常把易拉罐设置成圆柱体？它的直径与高的比是否合理？

（2）用结构的眼光看数学，从数学知识的逻辑发展中提出数学问题

数学是结构化程度很高的学科，学生的大多数数学问题是他们数学认知结构和数学教材结构逻辑发展的结果，因此无论教还是学，站在数学学科结构和单元体裁材结构的高度，用结构的观点和方法把握教材、提出问题是非常重要的。如立体几何中不仅各节教材内容编排结构很相似，而且各种角与距离的概念也具有很强的结构性与相似性；等差数列与等比数列、椭圆与双曲线、平面向量与空间向量等内容的结构也都很相近。根据等差数列的概念与性质，可大胆合理地猜想等比数列的概念与性质；根据椭圆的几何性质，可大胆合理地猜想双曲线的几何性质及其研究思路和方法；根据平面向量的性质和算法，可完全类推出空间向量的性质和算法。

（3）掌握数学探索的一般方法，从数学现象的共性与个性中提出数学问题。

事实上，观察、比较、归纳、类比、抽象不仅是学习数学、研究数学的重要方法，也是发现数学问题、提出数学问题的重要方法。

（4）培养良好的思维习惯和思维方式，从习以为常的学习中提出数学问题

我们需要改变过去只重演绎推理的严密性而忽视直觉猜想、只重问题解决而忽视对问题的推广深化与反思的倾向，鼓励学生充分运用分析、综合、一般化、特殊化、比较、归纳、类比、联想等各种思维方法提出问题，逐步养成直觉思维与逻辑思维并重，凡事多问几个"为什么"的学习习惯和思维习惯，掌握常用的发现与提出问题的技巧与方法。如对数学概念、定理教学，引导学生思考：怎样想到要定义这个概念？如何定义这个概念？这样定义科学吗？合理吗？还有其他定义方法吗？这个定理是怎样发现的？证明思路又是怎样想到的？还有其他的发现途径与证明方法吗？对解题教学，一方面要努力渗透和落实波利亚的《怎样解题表》的思想与方法，另一方面应着力培养学生在解决问题过程中和问题解决后的反思意识与反思能力。

我们在实施过程中做了如下的尝试：

1. 利用趣味性的问题、典故来创设问题情境

生动和趣味的学习材料是学习的最佳刺激，以趣引思，能使学生处于兴奋状态和积极思维状态。学生在这种情境下，会乐于学习，且有利于学生对信息的贮存和对概念的理解。

2. 利用学生认知上的不平衡性来创设问题情境

学生的认知发展就是观念上的平衡状态不断遭到破坏，并不断达到新的平衡状态的过程。因此，在课堂教学中应善于利用学生认知上的不平衡性来创设问题情境，使学生较为清楚地看到自身已有知识的局限性，并产生要努力通过新的学习活动达到新的、更高水平的平衡的冲动。

3. 利用数学与实际问题的联系来创设问题情境

数学的高度抽象性常常使学生误认为数学是脱离实际的；其严谨的逻辑性使学生缩手缩脚；其应用的广泛性更使学生觉得高深莫测、望而生畏。在数学教学中，教师可引导学生对实际生活中的现象多加观察，利用数学与实际问题的联系来创设问题情境。

4. 利用对解题的反思来创设问题情境

解题教学是通过课堂案例、习题的教与学，达到巩固数学知识、增强运算能力的重要手段。由于例题、习题中往往蕴含着大量的知识信息，因此在教学中可通过对解题（包括对解题过程、解题结果等）的反思来创设问题情境。

5. 利用学生的实践活动来创设问题情境

在教学中，教师可通过让学生动手实验、调查研究等实践活动来创设问题情境，以使学生在"做数学"的过程中增强提出问题、分析问题、解决问题的能力。

三、暴露过程原则

数学教学是数学思维活动的教学，思维能力的训练与培养，主要是在教学过程中进行的。"在教学中，要重视改进教学方法，坚持启发式，反对主人式。要重视学生在获取和运用知识的过程中发展思维能力。数学教学不仅要教给学生数学知识，而且还要提示获取知识的思维过程，后者对发展能力更为重要。数学教学要立足于把学生的思维活动展开，辅之以必要的讨论和总结，并加以正确的引导。在教学时，应当注意数学概念、公式、发展过程、解题思路的探索过程，解题方法和规律的概括过程，使学生在这些过程中展开思维，从而发展他们的能力"。

数学思维过程是主体以获取数学知识或解决数学问题为目的，运用有关的思维方式或方法达到认识数学内容的内在信息加工活动。这种思维活动可以分为三类基本过程：学习、模式识别和问题解决。

数学学习是指数学知识和数学活动经验的获得以及由此产生的行为变化的过程。从数学的认知角度来看，它是一个数学认知结构的形式和内容不断完善的过程，是一种复杂的心理活动，不仅包括数学知识（概念、公式、定理、法则等）本身的学习，还包括这些知识的发生过程和运用过程，以及解决问题过程的经验。在数学教学中培养学生良好的知识素养，绝不是向学生简单地传输数学知识，而是要让学生掌握由这些知识所构成的基本知识结构或框架。为此，教学中要积极展示数学知识的发生和形成过程，让学生搞清楚知识的来龙去脉，做到透彻理解，全面掌握，灵活运用，要把知识放到知识结构的网络中进行教学，上下贯通，左右相连，形成一个处于动态发展的知识与思维网络。教师要善于对学生的数学思维活动进行引导和概括，切忌直接出示那些哪怕是绝妙的解答，而应该将自己的思维过程（包括失败的思路）暴露给学生，让他们学会怎样去变更问题，怎样进行联想和类比，领悟成功之路。要特别注意的是在解决问题的过程中帮助学生总结创造性数学活动的经验，使之逐步上升为数学能力。

数学思维模式是主体在数学思维活动中形成的相对稳定的思维模式，是一定的数学知识结构与数学思维方式结合而成的动态系统。如中学数学中的勾股定理、韦达定理、消元降次模式、方程模式、递归模式、叠加模式等，而数学思想、观点是数学知识内容和数学思维规律的最高概括，它是高层次的数学思维模式。数学思维模式的形式来源于主体已有的数学知识和经验，并在数学学习过程和思维模式的运用过程中不断得到丰富和发展。

问题解决是数学思维的最重要的一类基本过程，问题是数学的心脏，而问题解决就是数学思维的核心。课堂教学应该以如何调动学生的积极思维活动为中心来开展，每节课要设计出展现学生思维过程的几个关键点，特别是要重视知识结构的建立与扩展，对概念的定义、定理、公式、法则的提出与推导，这是展现思维过程，培养能力的最佳环节。把学生置于问题之中，把解决问题看作学习数学的过程，教师为引导学生解决某个问题而精心设计一系列问题，让学生去发现并分析解决，充分展现数学知识的发生和形成过程，教师的思维过程和学生的思维过程。这不仅能使学生成功地学到知识，而且能使其体会到发现真理的奥妙，促进思维的发展。

在数学思维活动中，主体是通过数学学习去掌握数学知识，并逐步形成数学思维的一些基本模式，再以这些知识与模式为基础去解决数学问题，从而丰富和扩展了原有的模式系列，并在新的层次上促进进一步深入地学习和提高问题解决能力。数学思维过程就是这三类基本过程的相互联结和不断循环螺旋上升的过程。

贯彻暴露过程原则，要求在教学中做到以下两点：

（1）要把激发和调动学生学习的主动性、积极性和自觉性贯穿教学过程的始终。教学是"教学生学"，没有学生学习的主动性、积极性和自觉性，是不可能实现有效教学的。我们在上一章对学习系统进行分析时曾论述过，动力、动机是学习系统中的重要组成部分，它不仅决定学习活动能否开始，也制约着学习活动能否坚持，整体学习过程能否顺利进行。所以教师不仅在课堂的起始阶段要激发学生的学习兴趣，使学生以饱满的热情、强烈的求知欲望进入学习状态；而且在整体教学过程中都要密切关注学生的心理及精神状态，根据其变化相继采取措施，使学生始终保持良好的主动学习的态势。

（2）要把学生思维能力的培养和提高作为贯穿教学过程的始终。所谓"结构"是事物内部各要素的组合方式和结合方式，核心的是各要素间的逻辑关系。学科知识结构，是学科知识按其相互间的逻辑关系有序组合和结合；人脑的认知结构，是通过学习被人"内化"了的知识按其相互间的逻辑关系有序组合和结合。所谓认知结构"建构"，实质就是在头脑中明确知识间的逻辑关系——上位关系、下位关系，还是并列结合关系，将知识按其逻辑关系组合起来，构筑成一定的知识体系。而思维，且只有思维才是建立知识间逻辑关系的心理因素。从这个意义上讲，学习的过程就是思维过程，教学过程就是促进学生思维的过程。教学要启发学生通过思维理解和把握学科知识间内在的逻辑关系，学科"基本结构"中基本概念、原理和规则之间的逻辑关系，学科知识结构中其他的概念、原理、规则与"基本结构"中基本概念、原理和规则之间的逻辑关系；并通过促进学生的积极思维，将学科知识在明确内在逻辑关系的基础上内化吸收。同时，在教学过程中要教给学生思维的方法，导引思路，使学生在内化知识的过程中提高思维能力。总而言之，在教学过程中要把启发思维促进"内化"和通过"内化"促进思维有机地结合起来。

例如在课堂教学过程中，要着眼于暴露问题被发现的过程（规律被揭示的过程），包括引入新概念的形成过程，获得结论的思考过程和确定论证方法的比较、选择和优化过程，使得整个教学过程，成为师生双边共同探索的过程，从而有助于优化学生的思维品质，发展学生的能力，具体来说，有以下几条途径：

1. 暴露数学概念的形成过程

要使学生学好数学，首先必须突破概念关。数学概念是人们对数学现象和过程的认识在一定阶段的总结，是以精辟的思维形成表现大量知识的一种手段。它既是判断、推理的依据，又是正确迅速解题的保证。在概念教学中，我们可首先暴露概念提出的背景，暴露其抽象、概括的过程，将浓缩了的知识充分稀释。

2. 暴露知识的发现过程

数学中有许多定理、公式、性质，课本中大多是先给结论（内容）后证明的方式，这不利于培养学生的探索能力。在定理、公式、性质教学中，我们首先让学生去探索结论，使得出的结论经过曲折的情节，增添发现的情趣。这样把许多有价值的数学思想，如数形结合思想、转化思想等渗透给学生，使学生不仅理解规律形成过程，而且领悟了规律发现的根由。

3. 在关键难点处留下空白，精心设问或让学生提问，给出思维闪光点

一节课的关键是这节课的内容的突破口，在教学中，恰如其分地提问，给出思维闪光点，只有抓住重点，突破难点，把学生学习的情况暴露出来，使学生有新的发现，课堂教学才能顺利进行，从而提高学生的学习兴趣。

4. 暴露教师的思维发展过程

教师在讲课中不仅仅要讲清这个内容是什么，这个题目怎么解，而且要讲清这个内容的来源，这个问题应怎么想，为什么要这样想、这样做，第一步是怎样想的，一步步是怎样发展的，想不出来的时候应做哪些实验，问题完成了应有哪些联想，这就是教师思维过程的暴露。在备课时，首先要认真分析单元知识结构，安排知识网络，这些网络应包括思维的主线，主要知识点和知识间的联系。例题的数量和内容要为上述知识网络服务。

5. 让学生扮演，暴露学生学习过程

让学生扮演的最大优越性是能理顺学生的思路，开拓学生的思维。并能从具体问题中总结出解决问题的方法，逐渐形成学生的技能。教师的主要任务是揭示"方法"是如何"想到"的，在解题中，凡是学生能够解决的都要让他们自己解决。这样做有利于提高学生学习的积极性，发展其思维能力。

四、民主和谐原则

民主的师生关系、和谐的课堂气氛是保证学生尝试成功的重要条件。因为，创设一个民主和谐的课堂气氛是发展学生思维的保证。陶行知先生早就在《创造的儿童教育》一文

中指出:"创造力量最能发挥的条件是民主……如果要大量开发创造力,大量开发"人矿"中之创造力,只有民主才能办到,只有民主的目的、民主的方法才能完成这样的大事。"教学一旦触及学生的情感和意志领域,触及学生的精神需求,这种方法就能发挥高度有效的作用。民主和谐原则要求学生学习活动创设一个民主和谐的课堂氛围,充分发挥情感的作用。

民主和谐原则的要求如下:

(1)首先教师要热爱学生,这是达到民主和谐的基础。没有爱就没有教育。处处关心学生,鼓励学生,对学生的尝试活动充满信心,循循善诱,不指责、不呵斥、不急躁。

(2)建立民主平等的师生关系。使学生感到教师既是自己的师长,又是最可亲近、可以与之交心的朋友。有了民主平等的师生关系,就能创设师生心理相融的课堂气氛,师生之间情感沟通,相互推心置腹,师生之间的对话都能以诚相见,知无不言,言无不尽,听不到呵斥和叹息的声音,看不到苦恼和僵持的状态。

(3)学生之间形成和谐、友好、互相竞争的关系。在思维学导式教学中不仅要注意师生之间的关系,更重要的是处理好学生之间的关系,促使他们友好合作,互相支持,互相补充,同时互相竞争,共同达到尝试成功的目的。在学生人际交往活动中,教师必须加以调控指导。

(4)创设活泼愉快的课堂气氛。一方面教师要激发学生学习的兴趣和欲望,使学生乐意自觉地参与学习活动;另一方面教师要有活泼愉快的情绪,语言声调要满怀喜悦。教师要教得活泼,学生才能学得愉快,这样才能由师生双方共同营造一个活泼愉快的课堂气氛。

五、因科而异原则

数学教学模式受到教学内容、教学计划和数学思想的制约,任何一种教学模式都不是万能的,它只能适合于某一类课型,而数学教学课型大致可分为:概念课、定理(公式)课、例题(习题)课、专题复习课、练习(测试)讲评课,不同的课型完成不同的教学任务,而教学任务的多样性,决定了教学模式的多样化。

六、评价激励原则

这一原则的基本含义是:对学生创造性学习的态度、方法和成果,要坚持正面观察,多肯定、多表扬、多鼓励,尽量做到不批评、不指责,这是思维学导式教学的促进手段。

教学评价是教学过程中必不可少的环节,以往的评价是教师关注学生的成绩、分数与不足,是着眼于"过去",这样的评价使学生感到焦虑、担心、害怕,使其对学习产生抵触情绪,其消极影响是显而易见的。现代教学评价更多地着眼于未来,以提高教学过程和提高教学质量为目的,"教育性、发展性"成为现代教学评价的本质属性。

评价活动是使学生了解自己学习效果的手段。一方面把学生的学业达成情况和进步情况反馈给学生，以满足自我肯定的需要，增强信心；另一方面把存在的问题及要改进的地方反馈给学生，并提出今后的努力方向，制定可行性的激励目标。

评价是考察、提高学生学习能力的手段。评价不仅是最后的分数，还包括学习努力程度、学习的方法是否得当、学习效率如何以及与自己过去相比较的进步等全面情况。

评价是双向的。教师要允许学生随时监督、评价自己的教学情况，不断调整，从而达到"教学相长"的目的。

在评价中要坚持教师评价、同学互评、自我评价相结合的多样性评价方式，并且逐步加大自评的分量，提供反思的机会，使学生学会观察自己，逐步提高"自省意识"，形成自我评价—调整规划—自我监控—不断发展的良性循环。

评价，作为一种教学手段，有积极和消极之分。研究表明，积极评价不仅容易激发情绪，使学生进入兴奋状态，而且它告诉了学生"这样做是对的"，使学生的行为有明确的正面依据；而消极评价不仅容易使学生情绪消沉，而且它只告诉了学生"这样做是不对的"，并没有给学生指出正面行动的方向，缺乏操作性指导；因此，思维学导式教学坚持对学生多进行积极评价，少进行，甚至不进行消极评价。这样做，较有利于学生创造精神的形成和发展。

实施评价激励原则，必须贯彻如下要求：

（1）教师评价学生的出发点和落脚点是发现其闪光点，寻找学生成功和进步的突破口；

（2）评价要以学生个体表现为参照系，即强调每个学生在自己原有基础上的进步；

（3）坚持表扬、激励，对学生任何一点微小的进步和成功，都要细心发现，高度珍惜并及时给予鼓励；

（4）对学生的不足之处，要采取宽容态度，不要过多指责。

第三节　思维学导式数学教学的策略

一、动机激发策略

任何学习行为的产生都由学习者自身的需要与有明确所指的目标相结合而来的动机支配。要实现课堂中学生的创新学习，关键在于学生自身的精神状态，在很大程度上取决于学生坚持自我创新学习的动机、意愿和要求，教育成效的大小往往以学生内在的创新意识精神力量为转移。而创新意识的形成既来自人的天然的探索本能和求知欲望，更来自学生的生活理想、人生追求及社会责任感，没有这些需要做基础，学生就不会把已经观察发现的问题上升为自己主动探索研究的课题，创新思维、创新行为也就不会产生。所以，进行理想教育和社会责任感教育是培养创新型人才的关键任务之一。

此外，创新潜质存在于每个人的身上，只是表现方式、层次水平有所不同，并不是神秘莫测的，创新就在我们身边，教师可以以科学家、艺术家的创造经历，周围人物的创新故事做榜样，鼓励学生向他们学习，并随时注意学生中好奇心的萌芽，保护他们的探究欲望，形成人人敢于创新、乐于创新的良好氛围，由被动等待教师的牵引转变为主动求新，以创新为荣。

动机激发策略的教学策略要求：首先，要看到教学中学生是认识活动的主体，设计问题时一定要认真分析学生在认识过程中内在的矛盾性。一定从思维的规律出发，从培养学生具有良好的思维品质出发去设计问题。要考虑从具体到抽象、从感性到理性、由浅入深、由近及远、循序渐进的原则。其次，要深刻分析教材本身的内在矛盾性，从学生已有的基础出发，针对教学目的要求、教材重点、难点以及关键设计各种类型的问题。一般地，根据不同的目的要求，应设计不同类型的问题，起到不同的作用，具体的问题类型有以下几种。

1. 激趣型

由于思维具有可导性，兴趣能有效地诱发学生的思维，因此，在教学中可以有意识地提出能激发学生的学习兴趣的问题．我们可以从学生所熟悉的基本事实中，从新旧事物的联系中找到"激发点"，激发出学生的学习兴趣，这种设问的目的不在于要求学生立即回答，而是为了激起学生的求知欲。

2. 激动型

"思维自惊奇和疑问开始"要设计那种使学生感到"惊疑"的情境．如，可以提出问题告诉答案，这个答案大部分学生都认为是对的，然后再指出它是错误的，学生就会感到"惊疑"错在哪里？或者答案是对的，但又不容易发现它们之间的联系，学生自然要问为什么？有意设置矛盾，使得思维波澜起伏，激起思维的浪花，把学生引入思考的境地。

3. 引发型

为了培养学生的创造性思维能力，可先给学生提供一些感性材料，提出问题引导学生观察，从而发现问题，发现规律．此种设问能起到"启发剂"的作用。

4. 引申型

为了培养学生思维具有深刻性的品质，引导学生深入思考，在分析矛盾中提出有一定深度的问题，启迪思维。

例如学了双曲线的切线方程之后提出：双曲线能否有这样的切线：只与双曲线的一支相切，而与另一支相交或者与双曲线的两支都相切？

5. 直观型

直观具有鲜明形象的特点，容易理解，也容易引起注意与思考，对发展学生的观察力、分析思维与直觉思维有良好作用。

例如：学习"多面体"一节开头课时，可以拿出形式各样的多面体，让学生观察，让学生自己提出多面体分类的原则，并加以分类。

6. 递进型

为了培养学生思维具有逻辑性的品质，可根据教材内容设计一个题组，这个题组中的问题不是孤立的，就像引导学生思维的航标，使学生沿着逻辑的思路进行思考，认识步步深化，从而揭示某种规律或整个知识的链条。

二、设疑促思策略

创新总是在面临问题时产生的，创新始于疑问。课堂教学中教师不只是教材内容的讲授者，还应该成为问题的"制造者"。教师所要做的是创设高质量的问题情境，启发思维，引导探究，促成问题的解决。

问题的设计与思维过程紧密联系，两者的有机结合是实现掌握知识、形成能力、培养创新精神的突破口。问题的提出是依从于一定的课程标准、教学目标的，这个问题应是对学生有意义的。一方面具有可接受性，即学生愿意解决这种问题，并且具备一定的知识基础和能力基础。有的教师经常抱怨学生头脑不灵活，对教师的提问启而不发，难以落实教学目标。其实有很多时候"问题"本身存在问题，即没有考虑学生原有的知识经验，回答不上来也就不足为奇了。另一方面，问题具有挑战性，对于解答者来说没有可以直接解决的方法，不能或很难运用已有知识，不能按现成的程序或常规套路去解决，必须独立思考、探究，寻找处理方法。这类问题具有发散性、探讨性、发展性的特点。

不同的教学时段提问的目的有所不同，初始的问题在于诱发思维，集中注意力，不必追求"难""怪"，而在于"顺""快"，以利于导出新课；教学过程中要更多地向学生提出探索性、开放性的问题，围绕教学目标引导学生思考，水到渠成地解决重点难点；教学结束时可提出带有总结或延伸性的问题，鼓励学生进行深度思考与创新。需要注意的是，问题是面对每一个学生，要充分考虑个别差异，面向全体，有所针对。

第六章 高等数学微课设计与翻转课堂教学

第一节 微课的应用与发展前景

一、微课和微课程的定义与理解

（一）微课及其特征

微课是来源于美国的外来语，在我国最早由胡铁生提出。那么，其英文原词是什么呢？有多种说法。

第一，国内微课创始人胡铁生关于微课定义的三个版本。胡铁生指出：借鉴 Moocs 的定义，2010 年他在国内率先提出的"微课（程）"概念，可理解为"Mini Open Online Courses"，即微网络课程。微课是微课程的简称，它是以微型教学视频为主要载体，针对某个学科知识点（如重点、难点、疑点、考点等）或者是教学环节（如学习活动、主题、实验、任务等）而设计开发的一种情景化、支持多种学习方式的微型在线视频网络课程。这是胡铁生的微课定义（1.0 版本）。

后来，胡铁生又提出了微课定义（2.0 版本）：微课是根据新课程标准和课堂教学实际。以教学视频为主要载体，记录教师在课堂教学中针对某个知识点或教学环节而开展的精彩教与学活动中所需各种教学资源的有机结合体。

胡铁生于 2013 年 2 月 28 日在教育部东莞微课培训会上又提出了微课定义（3.0 版本）：微课又名"微课程"，是"微型视频网络课程"的简称，它是以微型教学视频为主要载体，针对某个学科知识点（如重点、难点、疑点、考点等）或者是教学环节（如学习活动、主题、实验、任务等）而设计开发的一种情景化、支持多种学习方式的在线视频课程资源。

从 1.0 到 3.0，胡铁生对微课定义的 3 个版本的内涵发生了明显变化。1.0 版本把微课和微课程作为同一个概念，是与慕课相对应的微型开放网络课程，是一门完整的微型课程。2.0 版本把微课定义为以讲授某个知识点或某个教学环境的一堂微型课。3.0 版本对微课的定义有些模糊不清，既说微课就是微课程，又说是针对某个学科知识点或教学环节而设计开发的在线视频课程资源。讲授某个学科知识点或教学环节的是一堂微型课，而微课程是一门完整的课程，包含一系列相关联的学科知识点或教学环节。

第二，其他专家学者对微课的定义。刘红霞，赵蔚等人认为：微课是"微课程"（Micro-lec-ture）这个舶来概念被引进到中国后的一种本土化称谓。

关中客认为：微课程这个概念，最早是由美国新墨西哥州圣胡安学院高级教学设计师戴维·彭罗斯于2008年秋首创，将原先1~2小时的课程内容中的核心知识压缩为1分钟左右，制作视频课程。郑小军、张霞认为，直至今日止国内外还没有一个对微课的权威界定。微课不是课堂实录，而是针对某个重点，难点或教学环节所创作或录制的视频。微课使师生共同聚焦教学重点、难点、疑点、易错点、易混淆点，而无须受到无关信息的干扰。

焦建利在针对陆薇与张虹提出的"微课与微课程有什么区别"的问题时，明确回答：的确，这是非常常见的两个混用概念。有人认为这二者是一回事，也有人觉得它们根本就不是一个东西。而我所理解的"微课"，就是一段短小精悍的、以教学为目的的在线视频。这样，广大一线教师就不那么容易混用了。因此，焦建利将微课定义为：以阐释某一知识点为目标，以短小精悍的在线视频为表现形式，以学习或是教学应用为目的的在线教学视频。

第三，权威部门对微课的定义。2012年底，教育部全国高校教师网络培训中心《关于举办首届全国高校微课教学比赛的通知》中明确指出："微课是指以视频为主要载体记录教师围绕某个知识点或教学环节开展的简短、完整的教学活动。"2014年3月、2015年4月教育部全国高校教师网络培训中心在第二届和2015年全国高校（高校高专）微课教学比赛通知中，对微课的定义均修改为："微课是指以视频为主要载体记录教师围绕某个知识点或技能点开展的简短、完整的教学活动。"这里可以看出，没有将微课与微课程等同于一个概念，微课的内涵是记录教师讲授某个知识点或教学环节的视频，是一堂微型课。

第四，适合于职业教育的微课定义。通过综合分析、研究，结合英语和汉字的内涵，认为将Micro-lesson翻译为微课更为恰当。教育部对微课的定义具有科学性、合理性和权威性，我们应该按照教育部第二届及2015年全国高校（高校高专）微课教学比赛通知中对微课的定义，系统理解微课的内涵并策划设计和制作微课，开展好微课教学活动。

对此，我们认为在职业教育领域可以将微课的定义进行延伸，重新定义为"微课是指以视频为主要载体记录教师围绕某个知识点或技能点或能力点开展的简短、完整的教学活动。"这里的技能点和能力点有所不同，能力点包括技能点和相应的职业素质，职业道德要求，是相关知识点的职业应用中的综合体现。为了叙述方便并满足职业教育教学中的习惯用语，在后续内容中将技能点、能力点简化合并为技能点，应该在实践应用中根据具体情况确定是技能点还是能力点。

第五，适用于职业教育的微课特征。根据新的微课定义可知，职业教育中的微课具有以下四个方面的内在特征：

（1）微课是一堂不超过15分钟的微型课。根据学习者年龄段的不同，他们能够集中精力学习视频的时间也不同。通常认为中小学的微课在5~8分钟为宜，中高校的微课在8~15分钟为宜，成年人的微课不超过18分钟。具体多长时间合适取决于微课中讲授的一个知识点或技能点的内容多少。

（2）每一集微课只讲授一个知识点或技能点。应该选择与教学目标密切相关的重点、难点、易错点、混淆等作为微课的内容，而不是一堂常规课程中的全部内容或是压缩版。因此在一门课程中，每一集微课之间可能不连续，形成了碎片式特征。

（3）微课中的内容构建应包括导入，知识点或技能点的引出、讲解与剖析、结论、简单应用、总结、进阶诊断与安排共七个基本教学环节，是一个简单、完整的教学活动。七个环节之间密切关联，其排序以及难度等应符合学习者的认知规律、能力提升规律，并具有较高的吸引力。

（4）微课的内容通过视频形式呈现给学习者，视频中的所有画面、语音讲解、声音、文字和图像等内容，都是为了使学习者能够快速、有效提高学习效果，一切对学习者的学习效果有负面影响或不能产生正面影响的内容都不应该出现在微课中。

很多学者认为，第一个提出微课具有"短""小""精""活"特点的是广州大学教育学院的田秋华老师。细心研读田秋华老师的原文发现，田老师提出的不是微课，而是微型课程（Mini-courses），又被称为短期课程。"短"是指相对几个学期的课程而言，微型课程长不超过1~2个月，短至十几分钟，时间短见效快。"小"是指以专题方式呈现的小教学材料或半独立性单元，规模小、容量少，易转换。"精"是指精选、浓缩和深加工后锤炼成精品，再投入到教学之中。"活"：一是指内容鲜活，强调新知识、新进展、新思想、新方法乃至新问题的探索；二是指灵活，不受时间、地点、学科体系、教材等的限制，围绕某一主题，根据学生兴趣与教学要求，以多种内容与考核评价方式、多样形式途径在任意时间段里灵活地实施与完成。

王晓东提出了微课的核心特征是"面向学习者"，可归纳为"悍"，即微课强调的是效果，是对学习者支撑的效果。一集微课是否优秀最关键在于它的效果是否强悍，是否能解决学习者的困惑。微课的其他要素特征均为此核心特征服务，是实现这一目标的基础和支撑。

（二）TED微讲座及其特点

TED（technology entertainment design，技术，娱乐、设计）是美国一家私有非营利机构，该机构以它组织的TED大会著称。从1990年开始每年在美国加州的蒙特利举办一次讲演会。而目前，在世界其他城市也会每半年举办一次盛大规模的讲演会。TED微讲座（Micro-lecture）是一种特殊类型的微课，其特点是：①每一集都是独立的：可以一个人讲演，也可以团队合作讲演；②讲演者围绕自己参与研究的一个创新内容、课题或成果进行专题讲演；③每一集的讲演时间不超过18分钟；④是毫不繁杂冗长的专业讲座：观点响亮，开门见山，种类繁多，看法新颖；⑤由于演讲者对于自己所从事的事业有一种深深的热爱，他们的演讲也往往最能打动听者的心，并引起人们的思考、共鸣和进一步的探索。

（三）微课程及其特点

目前，对微课和微课程的概念有两种观点，一种认为微课就是微课程的简称，另一种观点认为是两回事。分析研究美国原始文献和国内教育术语后，我们认为，微课和微课程是两个不同的概念，微课程与慕课有很多异同点。

1. 课程的定义与内涵

查阅相关文献可知，目前关于课程的定义有 15 种之多，综合研究这些定义和内涵后，给课程做出一个相对科学、适用的定义为"课程是课业及其进程的总和。"其内涵如下：①课程是教师、学习者、教材以及教学环境条件四大要素之间持续交互作用的动态情境，是一种动态的、发展的系统，是满足学习者学习和发展需求的活动总和；②构成课程的各个要素之间存在一定的内在逻辑关系；③课程是基于一个学科、一个职业岗位或一个系统项目而构建的，一门课程是由若干密切相关联的知识点、技能点或能力点构成，以实现课程的教学目标；④在各类学校中，通常一门课程的课程是一个学期或更多学期，每学期安排 56 课时以上，一般不少于 30 课时。

微型课程（Muucourses）是相对一般课程而言，也称为短期课程。其进程一般小于一个学期，安排 1 个月或 1 周等，总课时在 20 以内。有些微型课程可能就是一个专题讲座（Micro lecture）。

2. 微课程的定义与内涵特征

微课程（Micro-courses）是微课程的简称。微课程指由一系列相互关联的微课和教学资源构成的一门系统性、完整性的课程。并通过信息技术支持、翻转课堂教学模式开展教学活动。

（1）微课程的构成要素：微课程由以下七大基本要素构成：①课程知识/技能系统导图：课程中所有章节/单元模块中的一级知识点/技能点按照一定逻辑关系，采用层次关系图、思维导图等工具进行表述，并注明设计制作成微课的知识点/技能点，同时应标识出该微课的编号、级别等；②微课：微课视频、微课教案、微课脚本、PPT 课件和相关辅助教学资料；③导学案或任务单：用于指导学习者自主学习，课堂学习的方案；④进阶作业与诊断系统：学习者对自学效果进行评价，确保学习效果和学习进度；⑤微课程教学系统软件平台：用于开展微课程教学、自主学习、互动和学习效果诊断等的软件平台；⑥翻转课堂教案：指导教师有效开展翻转课堂教学，实现教学目标；⑦综合性与创新性/探究性训练课题：使学习者将所学知识进行综合应用、创新性应用，使得所学知识内化为职业能力、创新能力。

（2）微课程的特征：微课程的特征除了涵盖微课的四大特征之外，还体现在以下三个方面：①知识点/技能点的系统性：作为一门课程必须具有其内在的学科性/系统性，由课程中所有知识点/技能点按照一定的逻辑关系和规律，有机构成一门系统性的课程；②微课的碎片性，独立性：由于只是将课程中的关键知识点/技能点（重点、难点、疑点等）设计制作成微课，而其他的知识点/技能点由学习者自学掌握，导致了各个微课之间不一定存在密切关联性，使其具有了碎片化或相对独立的特性；③教学内容的完整性：微课程包括一系列微课之外，还包括微课程教学系统平台、翻转课堂教案、导学案或任务单、助学资料、进阶式作业和创新性探索课题等一系列课程要素内容，是一门完整的课程。其中，课程的进程和实施控制是课程内容必不可少的组成部分。

3. 对微课程定义的误解

目前，对微课的定义和内涵基本上得到教育界的共识。但是，对微课程的定义和内涵还存在一些误区或误解。主要表现在以下三个方面：

（1）认为微课程是微课的简称：误将一堂课和一门课程混淆。

（2）认为微课程是将传统的课堂按照学生学习的特点：制定相关步骤体现课程目标、学习任务、学习方法、学习资源、课后作业，社会媒体交流与反思等新型课程体系。我们知道，课程与课程体系是两个完全不同的概念，不应该混为一谈。

（3）认为微课程是云计算、移动互联环境下，有关单位课时教学活动的目标、任务、方法、资源、作业、互动、评价与反思等要素优化组合为一体的教学系统。持这种观念的人进一步解析道：有关单位课时界定为小学讲授一个知识点，中学常常讲授数个知识点，5~10分钟之内即使囊括若干知识点也不会对可视化学习带来任何不利的影响。我们研究认为：①没有云计算、移动互联网：也可以开展微课程教学，现在云计算实际上并没有普及；②目前，国内外相关专家公认一节微课只讲授一个知识点，这是微课的重要特征之一；③在一门课程中，知识点是分层次的。这里的5~10分钟之内可囊括若干知识点，实际上是本书中定义的教学焦点。教学焦点是对一集微课的知识点/技能点进行二次分解后得到的重要或有学习难度的二级知识点/技能点，或是知识点/技能点的重要支撑点。

二、微课程与慕课·精品资源共享课的异同点

（一）慕课及其特征

1. 慕课的定义

慕课这个外来语目前已经在国内教育界得到了共识。慕课（MOOC）是 massive open online courses 的英文缩写。直译成中文是：大规模开放式在线（网络）课程。大规模是相对而言的：一是指在线注册学习者的人数众多；二是指网上的课程资源丰富、规模大。仅有十门八门的课程不能称为大规模，仅局限于几百人在线学习也不能被称为大规模。

开放式是指学习课程、网络空间和学习资源是开放式的，想学习的人都可以注册成为学习者。仅限于某1~2所院校内学习者学习使用的不是开放式。在线是指在网络上可以实时进行课程学习学生之间互动、师生互动，提交作业，成绩测评等教学活动。课程是指在线提供学习使用的一门一门的完整课程，包括每门课程的授课视频、课程大纲/标准、布置作业和教学进度计划等。

2. 慕课的特征

慕课特征分为内涵特征和基本特征两部分。内涵特征是由慕课定义所决定的，基本特征是由慕课设计与应用情况决定的。

（1）慕课的内涵特征：慕课的内涵特征包括大规模、开放性，在线实时性。具体表现如下：①大规模：美国的慕课教学实践证明，注册学习慕课的学习者人数达到上万人，有

些课程多达十几万人甚至更多。慕课网站中提供给学习者学习的课程分门别类，包括基础学科的课程（如数学、物理、化学、医学、哲学等），也含有大量的专业课程（如电子信息，机械工程、自动化工程、天文等）。不同的慕课网站有其课程侧重点，为不同学习目的的人提供学习服务；②开放性：学习资源的开放和对学习者开放两个方面。慕课学习者不受地域、院校，国别等限制，来自世界各地的学习者按照规定进行注册后，都可以广泛学习各种慕课资源，通过规定形式、内容的测评获取学习结业证书；③在线实时性：网站全天候开放，随时、随地通过网络终端均可上线进行学习，网站实时记录学习者的学习轨迹，还可以进行互动、答疑。提交作业和学习效果测评等教学活动。

（2）慕课的基本特征：慕课的基本特征主要有非结构性、结构性和自主性三个方面，主要表现如下：①非结构性：学者研究认为，在美国开始建设慕课过程中，多数慕课提供的是碎片化的知识点，是一组可扩充的，形式多样的内容集合。这些集合的内容能够被"再度组合"——所有的学习资料未必堆砌在一起，而是通过"慕课"构成彼此关联的关系；②结构性：在我国高校引进、建设慕课过程中，基于专业教育的系统性、完整性要求，通常对每一门慕课进行顶层的系统性、完整性设计，而后分解为多集教学视频和相关的教学资源，使慕课具有一定的结构性，而不是完全碎片化的内容集合；③自主性：国内外对慕课自主性内涵有一定的差异性。

（二）微课程与慕课的异同点分析

微课程和慕课有很多相同之处，但是也有区别的。为了方便读者掌握，针对其主要特征进行对比分析。通过分析可知，微课程和慕课同属于一种在线网络教学课程由于课程构建的目的性差异，导致其相关特征存在一定的差异。从我们职业院校开展微课程教学的顶层设计角度来看，首先，应基于微课程特征进行课程策划，设计、制作和教学应用，更能适合国内职业教育国情，有效满足学习者需求。其次，在不断总结经验、进行完善微课程的基础上，逐渐实现兼容慕课、微课程全部特征的职业教育教学平台系统，满足社会各类人员的自我学习需求。而在中小学，由于全省或全国的课程标准、内容相同，基本具备实施慕课教学的条件，因此，可按照慕课或微课程的特征进行课程设计，建设和教学。按照慕课开展教学时建议采用翻转课堂教学模式组织教学。

（三）微课程与精品资源共享课程的差异性分析

在开展微课程建设培训过程中，有些教师问我："微课程与精品资源共享课程是一回事吗？"其实，这两种课程有很多的不同点，不是一回事。通过分析可知，精品资源共享课程主要是在精品课程基础上进行升级改造并建设完成，使其教学资源更加丰富、完善，为教师的教学提供优质教学资源，以此来提高教师的教育教学水平和人才培养质量。由于采取有偿使用原则，使其推广应用受到了一定的制约。而微课程具有一定范围内的开放性，且主要应用对象是院校的学习者（主要是在校学生），具有较高的推广应用价值和应用前景。

三、微课程与翻转课堂教学模式

（一）翻转课堂教学模式及作用

1. 什么是翻转课堂教学模式

翻转课堂也称为颠倒课堂，是相对于常规课堂教学而言。它是一种将传统课堂上的教学内容与课下学习活动内容进行倒置的一种教学模式。常规课堂教学中，课堂上教师讲授新知识，课后完成作业。而翻转课堂则是学生通过在课前利用教材、微课视频以及助学资料（音视频、动画、图片和电子教材等）进行自学并完成进阶式作业，在课堂上参与生生互动、师生互动等活动，包括释疑解惑、探究等，并完成实践训练、综合性作业的一种教学模式。

翻转课堂教学模式的发明者是美国科罗拉多州林地公园高中的化学教师乔纳森·伯尔曼和亚伦·萨姆斯。2007 年他们开始使用屏幕捕捉软件录制 PPT 演示文稿，并把结合实时讲解和 PPT 演示视频上传到网络，以此帮助课堂缺席的学生补课，并逐渐通过以学生在家看视频、听讲解为基础，开辟出课堂时间来为完成作业，或者是为在做实验过程中有困难的学生提供帮助，这就是翻转课堂的雏形。由于教学效果较好，使这种教学模式很快在美国的许多中学普及。

2. 实施翻转课堂教学模式的作用和意义

根据美国的中学，大学和国内中小学实验情况，结合理论分析认为，实施翻转课堂教学模式具有如下几个方面的作用和意义：

（1）对学习者而言，翻转课堂教学模式主要有以下五点作用和意义：①提高学习者自主学习能力：通过教学视频和多媒体内容的学习，调动学习者的学习主动性、培养学习者自主探究能力，并且通过课堂互动、合作、探究进行强化；②提升学习者的主观能动性：课前自学，课堂研讨等形式促使学习者能够主动观察、发现问题，而不是一直处于教师讲解、学习者被动学习的状态；③转变学习者的学习态度：变"要我学"为"我要学"，在课前，课后自主学习中发现问题，会主动向同学，教师或网络请教、互动，逐步养成了一种我要学的心态；④拓展学习者的社交能力：强化了网上互动、课堂互动的教学环节，并安排充足的时间，使学习者与同学、教师之间的沟通交流、语言表达能力得到提高；⑤最大限度地减少学困生：采取课前学习授课视频和相关助学资料，有不懂的问题可以反复观看，学习，直至弄懂为止。再加上进阶式作业与自我测评，使学习者在学会一个知识点 / 技能点及其简单应用后，才能学习下一个知识点 / 技能点，避免了由于基础差异导致的恶性循环，最大限度地减少了学困生。

（2）对教师而言，开展翻转课堂教学模式能够使教师：①从重复的备课，讲课中解放出来：可以提前了解学习者的学习情况，有针对性地进行培优补差、个别辅导；②将以学习者为中心的教学落实到实处。多年来，教育界一直强调开展以学习者为中心的教育教学，但限于教学条件、学习者人数多等因素，真正做起来困难重重。而翻转课堂教学模式将是实实在在地以学习者为中心开展教学，教师起到引导、指导、答疑等辅助作用；③在学习者自学能力、创新能力培养过程中，提高了教师的职业能力水平。在职业院校教师职业能力的各级要素中，教师的教育教学设计能力、教育教学实施能力等将得到提高；④课堂管理更轻松，充分调动起学习者的学习积极性：翻转课堂教学过程不同于常规课堂要求的那么有节奏感和严格的教学进度要求。使教师不用受制于课堂 50 或 45 分钟的约束，实现了预期教学目标即可下课，安排学习者课后自学；⑤通过课前及课堂的互动，答疑和个别指导等教学活动：教师更加了解学习者的学情，提高教师和学习者之间的亲近感和信任感，化解了师生之间的矛盾。

（3）相对于传统教学而言，以微课程为主要教学资源的翻转课堂教学模式，还具有以下三方面的优势：①教学资源的"精品化"和"精细化"：每一集微课视频都是教师团队经过精雕细琢打造出来的精品，以此提高了学习者的学习兴趣和学习效果；②教学过程的"个别化"和"个性化"：在翻转课堂和网上互动教学过程中，教师能够及时掌握学习者的学情，进行个性化指导。通过因材施教，全面提高学习者的学习业绩；③教学活动的"交互性"和学习者的高度"参与性"：开展了以学习者为中心的教学活动，使学习者有充足的时间参与到教学互动中，由被动学习变为主动学习，使学习者成为教学过程中的主角。

（二）微课程与翻转课堂教学模式的关系

1. 微课程和翻转课堂是两个不同类别和属性的术语

微课程指由一系列相互关联的微课和教学资源构成的一门系统、完整的课程。组织实施微课程的教学活动有多种模式可供选择，例如翻转课堂教学、三段式教学（课前预习，课中讲解、课后巩固）以及主题式教学等。

翻转课堂是一种将传统课堂上的教学内容与课下学习活动内容进行倒置的一种教学模式。课下，课上学习什么内容则根据需要进行确定，课下可以自学教材，助学资料等，课堂上完成作业，难题答疑和互动等。

当将微课程与翻转课堂结合起来实施教学活动时，其产生的教学效果显著高于微课程与其他教学方式结合，或非微课程与翻转课堂教学模式结合的教学效果。这一点已经得到美国、新加坡和国内许多推广实验院校的验证。这也是为什么要把微课程与翻转课堂结合起来开展教学活动的重要原因。

2. 微课程与翻转课堂教学模式之间的关系

微课程与翻转课堂教学模式结合应用后，二者存在如下的关系，了解这些关系，有助于教师进行微课程设计，教学方案设计和教学组织实施工作。

（1）框架与内涵的关系：翻转课堂教学模式是一种柔性框架结构，在该柔性框架内，选择哪些适宜的教学内容都可以。而基于大数据、云计算和数字显示终端等现代信息技术构建的微课程及其助学资料作为柔性框架的内涵，与柔性框架进行有机、动态结合，形成一种具有科学性、可实施性和高效性的刚柔相济的新型教学模式。

（2）动静互补的关系：微课程中的视频相对是静态的学习资料，而翻转课堂教学过程是动态可控的，根据每堂课中学习者的学习效果和教学目标的实现程度，教师可以随时对教学过程进行动态调控。这是翻转课堂作为一种柔性框架的内在特征体现和优势所在。

（3）阴阳相济的关系：翻转课堂与微课程之间的阴阳相济的关系，可引用中华传统文化中的太极阴阳图进行形象表述。

外面一个正圆就是太极图，内分黑白两个大逗号一样的分别叫阴、阳，白色为阳，黑色为阴。两个大逗号里面的黑、白小圆点，白中黑点称为"阳中有阴"，黑中白点称为"阴中有阳"。阴阳之交替变化使其中间形成了一个反"S"形的柔性阴阳分界线。太极图是研究周易学原理的一张重要图像。"太"有至的意思，"极"有极限之义。既包括了至极之理，也包括了至大至小的时空界限。可以大于任意量而不能超越圆周和空间，也可以小于任意量而不等于零或无，以上是太极二字的含义。

（4）相互依存、相互促进和相互制约的关系：朱熹在其《朱子全书·太极图说解》中说：太极之有动静，是天命之流行也，所谓"一阴一阳之谓道"……动极而静，静极复动，一动一静，互为其根，命之所以流行不已也。太极图中阴阳互为其根、相互依存，彼此消长轮回。在微课程与翻转课堂有机结合构建的教学模式中，同样存在这种关系，微课程与翻转课堂之间相互依存、相互促进和相互制约的关系。

（三）微课（程）结构的四大模式

目前，在微课、微课程建设方面，有效实施的模式有：可汗学院教学模式、非常4+1微课资源结构模式、111微课内容构建模式以及我们研究创建和实施应用的123微课程教学运作模式。这四种模式构成要素差异较大，各有其特点，各有不同的适用范围，应根据微课程的内容特征和教学条件选择应用。

1.非常4+1微课资源结构模式

这种模式是目前教育部组织的全国高校微课教学比赛所倡导的主要模式，该模式是通过微视频、微练习，微课件、微教案和微反思5个要素构成。""1"是指1个微课视频，是最核心，最重要的教学资源，其他4个资源围绕该资源进行设计和构建，配合该资源用于教学过程之中；"4"是指与微视频密切相关，相互配套的4个教学资源，包括：①微教案或微学案；②微课件或微学件；③微练习或微思考；④微反思或微反馈。该模式具有层次少、结构简单，适用性强等特点，适合于相对独立，内容简单、参赛类微课的设计与建设。

2.可汗学院教学模式

美国可汗学院教学模式是一种独特、建设成本较高、适用面广的教学模式。

在教学模式中，教学设计者，教师和学习者之间的教学活动相辅相成、互相促进，而又各自相对独立。可汗学院以完成教学设计的工作为主，合作学校的教师应用可汗学院的微课视频和练习题等教学资源，组织学生课外自学。同时，组织学生在校内课堂上进行翻转课堂教学。

3.111微课内容构建模式

111微课内容构建模式是指在每一集微课设计过程中，注重把握好三个1的教学环节设计。

第1个"1"是指用1个案例引入教学情境。在职业教育中，最好用行业企业的适用案例作为微课导入，既体现出职业教育的职业性特征，又能够使学习者明确知道下面要学习的知识点／技能点在职业岗位中的实际应用意义和价值，引起学习者更高的学习兴趣。

第2个"1"是指通过前面1个导入案例的学习，引出1个本集微课需要学习的科学原理、知识点或技能点。通过导入案例分析研究，强化了对知识的理解或技能掌握。导入案例与知识点／技能点之间的关系要密切，且应自然、平滑地引出知识点／技能点，勉强引出或关联不明确，或没有职业特征的导入案例，有时会起到适得其反的作用。

例如，在讲授概率时，很多教师会用多次抛骰子，统计出现1~6数字的次数，以此引出概率理论和方法。这使很多学习者认为学习概率是为了打麻将，或对概率知识产生迷茫。如果根据不同专业或职业需求，引用专业领域或者是课程中的概率应用案例作为导入，教学效果就大不一样了。

第3个"1"是指在微课视频的最后，利用1个总结，测试或实践操作，实现知识的初级内化、迁移，形成基本的职业能力，实现教学目标。

教学案例应经典、知识点应明确、应用训练应及时有效。3个"1""所涉及的内容和要求一环扣一环，使学习者逐步、自然地实现了由知识到职业能力的内化提升。

4.123微课程教学运作模式

通过对微课、微课程、慕课和翻转课堂的基本理论学习研究和探索，结合国内外中小学、高校实施情况和经验，针对职业教育的特征，我们创新性地构造了一种适合职业教育的123微课程教学运作模式。

这里的"1"是指以1组微课视频为核心开展教学活动。对于职业教育的课程来说，通常一门微课程需要设计制作20～30集微课，那么这一组就是20～30集微课视频。

"2"是指教师依据2套教案组织微课程的教育教学活动。其中，以微课教案组织微课视频设计与制作，以翻转课堂教案组织课堂学习、训练和课后自学。

"3"是指学习者依据3组教学资料进行自主学习，以提高学习效率和效果。其中，导学案（或任务单）指导学习者课前、课堂和课后学习；助学资料为学习者探索、创新、解决疑难问题提供信息和帮助；内化训练包括微课平台中的进阶式作业训练与自测，课堂综合作业训练、实践操作训练和创新性课题研究，将学到的知识进行逐级地内化，迁移，使其职业能力得到不断地提升。

第二节　微课程教学平台及翻转课堂教学应用

一、微课程/慕课教学系统平台

（一）微课程/慕课教学系统平台的应用价值

微课程/慕课的主体部分是微课视频，微课视频用于学习者在自己方便的时间，地点和使用相应的视频终端进行学习。基于这种学习特征，必须要建设微课程/慕课教学系统软件平台，以此实现微课程/慕课的教育教学之目的。

1. 从学习者角度开发软件平台，最大限度满足学习者的期望。通常微课程/慕课学习平台开发人员与微课程/慕课学习者之间存在代沟、自学能力和职业规划等方面差异，使平台功能有时难以满足学习者的需求和期望，导致学习者对微课程/慕课学习平台不感兴趣，花费很大代价开发的学习平台难以体现出其应有的价值。因此，必须要在充分满足学习者需求基础上开发平台采用实用价值。

2. 利用好云计算、大数据等现代技术，低成本实现平台的高应用价值。应依据不同类型院校的教育管理体制特征，充分利用云计算、大数据等现代信息化技术，以可持续发展的眼光进行平台设计，实现低成本高应用价值的目标。以微课程教学为基础，以模块化扩展方式实现慕课的大规模优势，以此满足各类院校低成本、不同规模应用的需求，最大限度地发挥出平台的性价比和实用价值。

（二）微课程/慕课教学系统平台的基本功能

如何建立微课程/慕课平台，焦建利提出：不深入研究慕课教学法难以设计开发出良好模块平台，一个好的模块平台必须是一个好的在线学习管理系统，一个好的慕课平台应当能够支持混合学习、应当基于联通主义学习理论。

1. 平台监控督导功能

对平台中的教学管理模块，课程学习模块的运行情况进行实时监控，实现微课程数量、上线人数、微课学习次数、互动与反馈、进阶式作业完成等数据的统计分析。收集、统计微课学习者对课程、教师的评价与建议。

2. 教学管理功能

主要功能有微课视频上传、相关教学资料上传、学习者信息管理、不良信息过滤以及学习者成绩评价、互动答疑、团队交流、学习者活动统计等。

3. 课程学习功能

个人账户登记、公共课程学习、专业课程学习，电子书阅读、微课视频观看，进阶式作业完成，师生互动答疑，团队互动交流、助学资料学习，翻转课堂学习交流、综合性作业、创新性课题等。

4. 技术支持系统

支持 3G~5G 移动手机、iPad，计算机等视频终端收看微课视频；支持局域网、无线网、广域网广播，支持流畅无延时的 Direct 3D、OpenGL 和高清视频广播；支持主流云端虚拟桌面平台（Citrix，VM、微软等）；支持 Windows XP、Windows Server 2003、Windows Server 2008、Windows 7、Windows 8，Windows 10 等操作系统。

（三）威职银泉微课程 / 慕课教学系统平台功能简介

威职银泉微课程 / 慕课教学系统平台（以下简称"银泉微课平台"）是由威海职业学院与山东银泉信息科技有限公司合作开发的一套集微课资源制作、配套学习资源管理、课程综合管理发布、学习者自主学习与协作、学习与评价、互动与答疑、多终端服务等综合性立体化在线互动学习平台。它能够促进微课程教学方式的创新，实现学习者的人性化、个性化学习（课外随时随地学习，自主掌握进度），教师与学习者、学习者之间进行一对一的针对性指导帮扶，进而全面提高教学质量。

1. 微课创作子系统的主要功能。

（1）微课视频制作：在微课视频制作中，有 PC 版本微课制作，Pad 版本微课创作、手机版微课直播录制 3 种制作工具，以满足不同微课视频学习终端的需求。此外，还具有本地视频存储、本地预览以及视频边录边传功能。

在应用手机、Pad，摄像机等拍摄微课视频时，可以通过无线网络随时随地将拍摄的视频传到平台上即时存储。

（2）微课视频编辑：应用专门开发的编辑软件进行微课视频的编辑制作，该软件具有操作简单易学、满足微课教学需求的各项编辑功能以及不同于一般编辑软件的特殊功能，如任意位置添加批注、多轨道叠加、多轨道插入等。

2. 平台管理子系统的主要功能

平台设计充分考虑到微课程教学院校内部使用（课程、学习者数量相对稳定）的特征和未来慕课教学的开放性和大规模（课程多、学习者多）特征以及在平台运行的稳健性、高效性、可扩展性等方面具有较高要求。因此，采用了云架构管理、集群模块设计技术，包括 HADOOP 技术、SAAS 网站管理技术和超级安全防护技术等。

另外，考虑到中小学，高校的内部管理特征，在平台管理中设计了平台主站点及子站管理功能，主站与子站相对独立使用，同时可以进行资源统一调度分享。主站用于中小学的上级政府主管部门或高校的校级管理部门，子站用于中小学校或高校二级学院、系的相关部门。

（1）平台系统主体功能：①云架构管理模块：SAAS 网站集群管理模块、多服务器协同云转码服务；②用户管理模块：包括组织机构、用户组、用户管理、权限管理；③面授课堂管理模块：学习者签到、翻转课堂、考勤数据等；④课程相关管理模块：课程策划表 / 知识地图，配套资源、课程发布；⑤实时课堂管理模块：课堂直播管理、PC 多画面导播功能，移动终端直播采集功能等；⑥多终端在线服务模块：包括多终端在线学习、知识点关联学习，在线互动学习等；⑦多终端离线服务模块：包括同步策略管理、资源信息同步服务、资源下载等；⑧移动终端 APP 应用模块：二维码扫描、用户登录，视频在线/离线播放等。用户可以通过权限设置调整主站和子站的权限，包括浏览查看.修改，发布、下载等权限。

（2）用户管理功能：①学校管理：提供学校名称、学校简介，学校地址，学校网址、开设专业等信息管理，同时支持多级架构管理；②班级管理：提供以学校、专业、年级、班级等多级结构的用户组管理功能；③教师管理：提供教师姓名、教师照片，教师介绍，所授专业等信息管理功能；④学员管理：提供学号、姓名、专业、XX 届、照片、身份证号、个人简介、所属班级等信息管理功能。

（3）多角色权限管理：系统各个角色都是可以通过权限设定，赋予不同的操作权限。例如，赋予教师其资源编辑、资源上传、互动学习课程组合，赋予班主任或者是教务管理人员知识点管理、课程审核分发等权限。

（4）设备 ID 信息与用户信息绑定：通过应用程序 APP 调用相关函数获取设备唯一 ID，同时与用户信息进行绑定。针对智能手机设备和网络机顶盒设备可以使用不同的方法获取。

（5）翻转课堂教学管理功能：①学习者签到页面：提供单独的考勤界面（教师在大屏上显示此考勤界面），信息包括：上课开始以及结束时间，动态显示当前学习者出勤情况（已签到的学习者正常显示学习者的照片，未签到的灰色显示），依据页面排版分区域显示已签到和未签到的学习者，同时滚动显示；②课堂管理：可以对课堂名称、课堂开始时间、课堂结束时间、课堂知识点（可以生成二维码）、班级/用户组等信息进行管理；③考勤数据管理：可以对课堂应到人数、实到人数、请假人数及其具体学习者的已签到和未签到信息进行编辑维护；④随机抽查提问：可以为教师提供实时课堂的问卷调查或全员回答的互动测试功能应用（类似于现场全员投票选择系统一样，利用多终端支持功能，有条件让全部听课学习者参与互动）。

（6）考核成绩管理模块：①考勤分管理：可以在此维护学习者的考勤数据，同时可以自定义查询条件导出 Excel 表格。例如，按照面授课堂、班级、学习者，时间段等条件组合统计考勤得分情况；②平时得分管理：可以在此检索维护学习者的平时作业得分数据，同时可以自定义查询学习者平时作业得分情况；③期末得分管理：可以在此维护学习者课程期末考试成绩，支持 Excel 表格导入功能；④总成绩管理：可以定义考勤分，平时分、期末分的权重，同时可以按指定的权重统计出学习者该课程的总成绩。

（7）数据智能分析模块：①统计分析：提供各种类型的数据筛选查询服务，同时提供报表输出 Excel 等功能服务；②考核分析：为学习者在银泉微课平台上的互动考核记录提供分析统计功能，可以针对班级、学习者、课程等条件分类汇总出学习者的在线、离线学习记录和考核等学习情况。

4. 课程学习子系统的主要功能

能够满足通过 PC 终端，iPad 终端、iPhone 终端、Android Pad 终端和 Android 手机进行微课学习的需求。

（1）课程学习子系统基本功能：①微课播放界面根据后台维护的课程策划表／知识地图，以图形方式动态地显示出关联知识点／技能点，可以单击任意一个关联知识点／技能点进入对应的微课页面进行在线学习、评价、诊断、反馈、再学习；②在过程中弹出问题的方式：这种交互方式适合传统视频课件或时间超过 15 分钟的微课视频，在视频中间插入与视频内容相关的提问，让学习者在学习视频过程中回答；③在视频播放后提出问题的模式：这种交互方式适合常规的微课视频，一个短小的独立知识点、技能点的微课视频，在完整看完知识点后回答知识点相关提问；④在线笔记功能：平台提供了微课视频学习过程中做笔记的功能，不懂的视频播放时间点会被记录下来；⑤在线评论功能：平台支持各个角色对微课程进行评论，促进资源持续优化。

（2）多终端离线学习服务功能：离线学习前提是资源要被准确、个性化地缓存到学习者的学习终端，实现断网状态下的资源学习。该功能需要进行授权管理者批准、学习者身份识别、离线下载记录和离线学习同步记录等过程。

当学习者离线下载学习课程资源时，平台中的客户端 APP 应用程序可以提供离线状态下的学习记录、互动考核记录本地存储功能，当学习者再接入网络后，能够自动地将学习者学习、互动学习记录同步更新至服务器中存储。

（3）移动终端 APP 服务功能：①二维码扫描：APP 应用可以提供二维码扫描下载功能；②登录功能：移动终端 APP 已与 Web 服务端进行用户和数据层整合，通过 Web 端登录的学号也可以登录 APP，同时可以记住密码；③在线学习功能：提供栏目分类的课程列表，单击课程名称或缩略图即可进入播放页面，与此同时支持快速拖拽、暂停等视频播放操作；支持电子书，教学讲义等文档类学习资源在线阅读功能，其他资源在线下载；④在线互动功能：提供互动式作业习题、互动讨论、在线问答、在线笔记等功能；⑤离线播放功能：提供微课视频下载、收藏功能，可以实现离线下的课程学习功能；⑥进阶式作业及测评：对进阶式作业完成情况进行实时测评，正确之后才能进行下一个知识点／技能点的学习。当作业出现错误时，自动提供需要学习的微课视频或助学资料、教材等；⑦个人中心：提供与 PC 版本个人中心类似的功能，例如我的课程、我的计划、我的作业、我的问答、我的笔记等功能；⑧直播采集推送功能：提供智能手机直播采集推送功能。

二、翻转课堂教学模式的应用价值与问题分析

（一）翻转课堂教学模式的推广应用价值

1. 为实施有效的混合教学模式提供了有效平台

翻转课堂为教学改革提供了一种有效的综合性教学平台，能够使教师应用现代信息科技手段实现基于不同课程内容、特征的混合式教学得以有效实施，使不同类型院校都可根

据其课程特点、学习者特点和教学目标要求，实现教学模式多元化、教学方法灵活化，增强教师采用新教学模式来改变教学理念的信心，提高教育教学质量。

2. 能够提高学习者的创新意识和能力

学者研究认为：采取翻转课堂教学之后学习者的自主学习能力得到加强，表达能力和发现问题的洞察力都得到了提升，同时在分析问题时具有大胆创新的意识。《国务院关于大力推进大众创业、万众创新若干政策措施的意见》中指出"推进大众创业、万众创新，是发展的动力之源，也是富民之道、公平之计，强国之策，对于推动经济结构调整、打造发展新引擎、增强发展新动力，走创新驱动发展道路具有重要意义"。目前，个别院校在培养学习者解决问题和创新方面还存在一点问题，不能完全满足社会对人才的需求。培养人才创新能力有多种方法，翻转课堂教学在培养学习者的创新能力方面是一种长期有效和潜移默化的培养模式。

3. 能够为实践教学提供充足的时间和精力

通常在实践学习过程中还要挤出时间进行理论补充性学习，有时会导致实践时间不足，对实践学习效果可能产生影响。采取翻转课堂教学之后，所有的理论学习通过课前自学，在学习者充分掌握的基础上，再开展实践学习，时间充足、理论准备完善、促使学习者的职业能力、职业技能得到显著提高。

4. 能够适当弥补学校实践教学条件的缺陷

由于经济发达程度，对教育重视程度等原因，导致各地的办学条件存在着一定差距。无论是中小学还是高等院校，都在一定程度上存在实践教学条件不足，难以完全开展实践教学的情况，严重影响着实践教学和人才培养质量水平的提高。采用微课程与翻转课堂结合的教学模式后，一些实践教学的微课视频、教学资源等可以在一定范围内共享，课前学习者自学微课视频，课堂上进行研讨互动，使师生都能从中受益。

5. 翻转课堂教学是一种投资少见效快的高收益教学改革项目。微课程与翻转课堂结合的教学模式需要一定的设备，软件投资和师资培训投资，如果开展以教师为主导、以县市或高校为单位统一布局组织实施，实际上是一种性价比很高的教学改革项目。现在，中小学、高校基本具备开展该项目的硬件条件，学习者也多数具有微课视频学习终端设备（计算机、手机等），把学习者玩游戏的时间和精力充分瓦解掉，使其转向微课程学习，是一件一举三得（戒掉游戏瘾、自主学习、提高终端设备利用价值）的好事情。

通过县市教育主管部门或与其他县市联合，组织各个学科优秀教师组成每个学科的教学团队开发微课程。高校组织各个院系、专业的优秀教师或与其他高校相同专业联合开发微课程。折算到每门课程的实际投资很少，具有很高性价比和社会效益。

（二）目前推广应用中存在的主要问题分析

通过对相关院校调查和查阅部分教师的研究报告进行系统分析认为，目前在我国普及推广微课程与翻转课堂结合的教学模式，仍然存在一些认识上和操作性的问题。针对职业教育而言，主要表现如下：

1.部分院校领导层的消极认识和模糊认识

我国教育领域的各种改革项目，很多都是在教育部和各省市教育主管部门的强力推动下才开始全面实施，并取得一定的成效。例如：精品课程与精品资源共享课程建设、国家示范性高校院校专业建设、国家骨干院校专业建设、省级特色名校建设以及最近仍在持续开展的国培、省培项目等，几乎都是在国家和省市资金支持下进入了全面的实施阶段。微课程与翻转课堂结合的教学模式改革，目前教育部和省市教育厅还没有明确的支持性政策和要求。这几年没有被列入到上述各个国家、省市重点建设的项目院校以及部分私立职业院校的个别领导，对新的教学改革项目认识不到位或持等待观望的态度，这种态度对推广应用微课程与翻转课堂结合的教学模式有时会产生很大阻力。

2.满足于微课教学比赛获奖而实际教学应用关注不够

有个别院校领导和教师对教育部、省市组织的各种比赛非常感兴趣，通过获奖提升院校对外的办学声誉和教师个人的业绩，对参赛是否真正提高教育教学质量却关心不够。微课教学比赛、教师信息化教学比赛、大学生技能比赛以及大学生创新比赛等所有的比赛，从教育部和省市教育主管部门来讲，都是想通过比赛促进教育教学质量的提高，比赛只是一种手段，提高教育教学质量才是比赛的最终目的。因此我们应该正确理解教育部组织的各种比赛之目的，通过参赛有效提高教育教学质量。

认真研读首届、第二届和2015年的全国高校（高校高专）微课教学比赛评审规则发现，重点是对参赛作品本身的质量进行评价，对实际应用于教学的效果的评价权重宜再提高一点。因为不同专业、地区的学生的思维模式，对微课内容呈现方式，学习态度和积极性有一定的差异。因此，要结合不同学生的专业特点对微课教学效果进行预测。

3.缺乏适合于微课程与翻转课堂结合的教学模式的科学评价体系

微课程与翻转课堂结合的教学模式具有很好的应用前景，必将成为未来我国教育教学领域的重点改革项目进行推广应用。作为一种具有很好发展前景的教学模式应该有与之配套的、科学适用的教学质量评价体系，但现阶段各个学校将工作重点都放在教学设计，组织实施和实验方面，并采用传统的方法对学习者考试成绩、作品水平以及学习者的学习自觉性作为指标进行教学质量评价。微课程与翻转课堂结合的教学模式，一是注重课前微课视频和助学资料的学习效果，培养学习者的自主学习能力；二是注重翻转课堂教学过程对学习者的交流沟通、发现问题与解决问题，团队合作，创新思维训练等方面综合能力培养。而传统评价方法忽视或不注重教学过程对学习者的影响，只是注重学习者的期末考试成绩。所以，应用传统教学评价方法来评价微课程与翻转课堂教学结合的教学模式的教育教学质量是不全面的。

4.师生对微课程与翻转课堂结合的教学模式的适应性与角色转变问题

目前，国内的中小学，大学基本上都是采用的应试教育模式，中小学师生以升学为目标、升学考试为标准开展教学，高校学习者以期末考试合格为目标、期末考试题为标准进行学习。高校课程期末考试题基本上是以教材内容为主体进行考试，平时对学习者的约束较少，很多学习者期末 1~2 周内加班加点补习一下就能考出好成绩，平时学习处于应付状态。本来高校给予学习者平均每天 60% 左右的时间用于自学和自主研讨，并提供很好的自学条件（图书馆，网络、体育场、社团活动等），以此培养学习者的自主学习能力、交流沟通能力、社会活动能力和创新能力，但是实际上事与愿违，大量的时间和条件白白流失，浪费或闲置，没有发挥出应有的作用。大学生在中学养成的应试学习方法和习惯没有多大改变，再加上高校采取这种宽松、放任的教学管理模式，导致大学生毕业时的职业能力没有提高多少，学的知识考试完后很快就忘得差不多了。

因此，基于目前国内教育现状、微课程与翻转课堂结合的教学模式的特点可以知道，推广应用这种教学模式存在着教师、学习者明显不适应和角色难以转换的问题。虽然他们也知道目前传统的教学模式存在很多不足，但却不愿意从自身开始去改变现状。这一点也在与许多高校教师的交流沟通过程中得到证实。

（三）建议与主要解决措施

要有效推广应用微课程与翻转课堂结合的教学模式，实现提高教育教学质量的目标，需要解决目前存在的软环境和硬件设施问题，特别是软环境问题不解决好，这项改革就难以持续有效地进行下去。这里从三个层面提出一些建议性的解决措施。

1. 建议制定相关支持性政策进行鼓励和引导

建议各职业院校制定相关政策支持微课程与翻转课堂结合的教学模式的推广应用工作。给予一定的资金支持多校联合开发制作通识课程、专业基础课程的微课程视频、翻转课堂参考教案和相应的教学资源等资料，在全国推广应用。支持将招生人数较多专业的课程设计制作成微课程视频、翻转课堂参考教案和相应的教学资源资料。拿出精品课程建设的力度和深度支持微课程与翻转课堂结合的教学模式在各个专业推广应用。

2. 建议组织以教学效果评价为主体的微课程教学比赛

建议各个院校组织以实际教学效果评价为主体的微课程教学比赛，通过比赛促进微课程与翻转课堂结合的教学模式得到推广应用，并取得预期教学效果。以微课程教学应用为基础参与教学比赛，每门课程设计 20~60 左右的微课集并进行实际性教学应用，参赛作品包括一门课程的全部微课视频、全部文案（课程体系策划表或知识地图、翻转课堂教案、微课教案、进阶式作业与答案、综合性作业与参考答案、创新性课题、导学案或任务单、助学资料等）微课程平台 / 网站、微课程教学过程记录信息（网站中的信息）、课程学习评价方案、课程结束综合考评结果（至少一个班级）。评价时应由微课程学习者、专家和其他院校同行教师、非同行教师共同参与，各占一定的权重。

3. 各个院校将该项工作纳入教学常规工作组织实施

各个院校将微课程与翻转课堂结合的教学模式通过试点、推广应用逐步纳入常规教学工作之中。由教务处（教导处、教学办等）组织成立几个微课程教学团队，按照通识课程、专业大类基础课程（理工科、文科、医科等）进行区分，设计制作出具有代表性、课程特征和学习者特征的多种微课程教学模式，以作为其他微课程教学团队借鉴、应用。微课程与翻转课堂结合的教学模式是一个较大容量的框架式模式，在学习应用过程中不能够死搬硬套、千篇一律，要结合每一门课程、学习者特征和教师团队优势进行设计制作，以实现最佳教学效果为目标。

4. 组织对教师、学习者进行思想理念和理论方法培训

各院校应定期组织教师、学习者进行思想意识以及教育理念的培训和引导，并通过制定相关教学管理措施促使教师、学习者尽快转变观念。进而通过培训指导，使教师掌握微课程设计制作、翻转课堂教学方法等相关教学技术与方法，指导学习者逐步适应这种新的教学模式，并能改变以往应试教育的学习习惯，提高自主学习能力、发现问题与解决问题的能力和创新能力。师生携手，转变理念和角色，共同推进微课程与翻转课堂结合的教学模式快速有效实施，全面提高教育教学效果，实现人才培养目标。

5. 研究构建适合于本院校情况的教育教学评价体系

在研究试验、推进微课程与翻转课堂结合的教学模式过程中，还要研究制定以考核翻转课堂教学过程、学习者职业能力提高与业绩的考核体系，不能用以往传统的考核方法进行考核。通过构建新的科学有效的考核体系，重视每一个教学环节、学习过程，改变课程考试方法和内容，以培养学习者职业能力、职业道德和职业素质为目标开展教学活动。促进教师、学习者积极参与到这场教学改革之中，使教师和学习者的职业能力都得到快速提高。

三、123 微课程教学运作模式及应用

该模式实际上是一种框架结构模式，旨在应用该模式设计微课程与翻转课堂结合的教学过程中，需要根据具体课程特征、学习者特征，教师能力水平和教学条件等情况进行细化，设计出具体的教学方案.教学方法、教学过程和关键步骤。

（一）构建 123 微课程教学运作模式的评价体系

1. 以教学运行过程、师生职业能力提高与业绩作为评价主体

123 微课程教学运作模式注重在课前、课中和课后 3 个时间段的教学过程中，对师生积极主动参与教学活动.活动表现、职业能力提高的持久性培养，并通过日常教学业绩测评反馈教学过程的有效性，制定持续改进措施，确保教学目标的实现。

因此，在研究制定 123 微课程教学运作模式的运行情况和教学质量评价标准过程中，应该注重考评如下几个方面：

（1）教学资料的科学性、完整性和可实施性：微课程教学是一个系统工程，用于教学设计和实施过程的教学资料应具备完整性、系统性。教学资料的策划设计应有科学的理论依据，并满足不同类别、层次教育的现实需求。设计的各种教学资料能够被师生严格执行，并且具有可操作性和有效性。

（2）引导师生积极主动参与教学过程：123微课程教学运作模式是微课程与翻转课堂结合的教学模式最佳的运行模式，教学过程分为课前、课中和课后3个时间段。教师应设计、布局好3个时间段内学习者的学习内容、学习方法和学习业绩要求等。通过网络、面谈等方式与学习者保持联系，及时指导、引导学习者积极主动参与学习过程，进行答疑、启发、互动，激发学习者的学习热情，有效提高学习效果。教学过程中师生表现应有记录。

（3）注重职业素质与职业能力的培养：注重对学习者、教师的职业素质、道德和职业能力的持续性培养，三者之间相互作用、相互促进。单一的职业技能培养不是职业教育，也不是社会对职业教育的期望与需求。教育的本质是培养"如何做人"，既有职业教育普通教育的共性，也有其特殊的职业性，应在共性基础上实施其职业性教育。所以，应首先培养学习者能独立成人，成为具有社会责任的、全面发展的公民，促进人的生活、道德、情感与技术等方面和谐发展。

（4）综合进行师生业绩考核：对学习者的课程学习考核应从教学过程参与度、综合能力提高、期末综合考试、创新性课题研究四个方面进行综合评价。具体内容可包括：①教学过程参与度：三个时间段参与次数、互动质量、进阶式作业等；②综合能力提高：职业素质、职业道德、团队合作、专业能力、专业技能等；③期末综合考试：理论知识掌握，知识应用、综合解决职业问题等；④创新课题研究：在日常学习过程中参与的创新课题研究质量、创新意识提高程度、研究成果等。

2. 微课程教学运作模式的实施评价指标

本指标是在教育部2015年全国高校（高校高专）微课教学比赛评审规则基础上，结合翻转课堂教学实施要求和调查分析基础上，重点从微课学习者的角度对微课视频、翻转课堂教学设计、教学组织实施、教学效果4个方面提出了普适性的评价指标。

各个院校在应用过程中，应根据具体情况进行适当修订和完善，以实现更加科学有效的评价效果，实现教育教学的人才培养目标。

（二）微课程教学运作模式中的分时段教学任务设计

在123微课程教学运作模式中，教学过程分为课前自学、课堂互学和课后巩固3个时间段。各阶段的教学内容、教学方法、教学目标和要求等有所不同。

（三）不同教学法在翻转课堂教学过程中的应用

在实施翻转课堂教学过程中，可运用的教学方法有团队合作学习法、ARCS模式法、PBL模式法、探究式学习法等，应根据具体教学内容确定采用哪种方法更合适。鲍丹、李满通过实验研究认为，在翻转课堂教学过程中，应用不同教学方法均能取得较好效果，尤其是应用ARCS教学法效果最佳。应用ARCS教学法使学习者的知识提升度上升到1.8，应用PBL教学方法使学习者的知识提升度上升到1.2，应用团队合作学习法使学习者的知识提升度上升到0.7。3种教学方法与翻转课堂配合应用教学效果最佳，学习者获得的信心最足。

1.ARCS 教学方法原理

ARCS 教学方法也称为 ARCS 模型，是 Attention，Relevance，Confidence，Satisfaction 四个英文单词的词头缩写，即：注意、相关性、自信心和满足。它是由美国佛罗里达大学约翰 .M. 科勒教授 1987 年总结提炼的一种激发与维持学习者学习动机的模型，通过调动学习者的学习动机教学来提高教学质量。

（1）教师设计实施的教学内容：应能引起学习者的高度重视，以此激发学习者的学习动机。教学内容或项目应具有新意性、创新性特征，教学导入过程具有兴趣性和情绪性，教师授课语言具有较高强度，教学方式、方法具有新意性和学习者参与性。

（2）教师设计实施的教学内容：与学习者的生活、专业、喜好和需求密切相关，使其产生亲近感、渴望感和需求感，以此激发学习者的学习动机。教师讲授的内容如果远离学习者生活环境，与其所学专业无关或者不知道学习这些内容对学习者未来有何实际用处，则难以引起学习者的兴趣和学习动机。

（3）让学习者知道，今天学习的内容不难学且有实用价值，使学习者面对新的难度的知识技能不会产生畏惧感，能够树立必胜信心，不要担心学不会，以此激发学习者的学习动机。特别是让学习能力和水平差的学习者树立信心尤为重要。

（4）教师设计实施的每一节教学内容，都能够满足学习者的学习需求，通过学习而产生满足感，包括知识满足、技能满足、个人情感满足等方面。满足感也是学习者最重要的感受和学习目的，是实现注意力、相关性和自信心后的综合结果。

2.PBL 教学方法及应用

（1）PBL 教学方法原理：PBL 教学方法是一种基于问题的学习（problem-based learning）方法，简称 PBL。该方法于 1965 年创建于加拿大 McMaster 大学医学院，其后，英国、荷兰、澳大利亚、美国等国家大学也相继采用此教学方法。

该方法是以问题为核心，以学习团队为单位，解答问题为驱动力，以团队阐述、展示、讨论、相互交流为手段，以激发学习者积极主动自学、培养学习者创新性思维为主要目标的教学模式。

在学习讨论过程中，学习者之间围绕问题相互交流研讨、相互合作、相互依赖、共同提高。教师的角色由以讲授为主转变为以引导、指导为主。这种以学习者为中心开展的教学活动，不仅使学习者通过各种方式获得新知识、新技能，还学会了如何通过这种学习方式解决实际问题，有利于培养学习者创新意识和创新能力。

（2）PBL 教学方法在翻转课堂中的应用案例：

案例：在一体化教学的微课程《计算机组装与维护》中，课前学习者自学微课视频《CPU 的选用》（WJH02），并完成了相关的 4 个进阶式作业题，对台式计算机的 CPU 的作用、参数和选购注意事项等内容已经基本掌握。在翻转课堂授课过程中，采用 PBL 教学方法设计教学内容与步骤如下：

第1步，教学准备。教学准备中包括两部分内容，第一部分是应用PBJ教学方法组织学习者进行问题研讨，以促使其对课前自学知识进行深化理解，为第2部分的实践应用打下坚实基础。第二部分实践训练，按照客户要求在组装一台计算机前进行CPU选择。在第一部分中，教师准备了了两个问题：① Intel和AMD的CPU有何区别？如何利用其差异性？②什么是散片？散片与正品行货CPU有什么不同？何时选用散片？

第2步，提出问题。课堂上，教师开始告诉同学们："给大家讲授高数的陈教授家里的计算机已经被淘汰了，委托我们新组装一台计算机，具体用途和要求是大家是否有信心满足陈教授的要求呢？"这时，同学们的注意力得到强化，但却心有余而力不足。教师继续讲道："大家已经自学完微课视频《CPU的选用》了吧？如果大家再把这两个问题搞清楚，就能够为陈教授的计算机选择一种性价比最高的CPU了。"这时，同学们的思维模式得到启动，信心得到强化。

第3步，研讨回答。分团队进行研讨，对这两个问题进行分析，教师巡回指导。10分钟后，各团队开始汇报各自的研讨结果和答案。每回答完一个问题，本团队成员可进行补充，然后其他团队成员进行质疑、补充和完善，从而使问题越来越明确、清晰，课前自学掌握的知识点得到深化，同学们的分析能力、解决问题的能力得到进一步提升。

第4步，总结凝练。教师首先对同学们的研讨积极性、表现给予肯定，对表现比较好的团队和同学进行赞赏。对两个问题分别进行了系统梳理和完善，使同学们更加系统地理解了CPU的参数应用与选用原理和方法。

第5步，内化提升。本次内化提升在课堂内和课堂外结合完成，根据陈教授对计算机的主要用途和要求，进行实际性的CPU选择，并要考虑与主板、显卡的匹配和防止购买假货问题。各团队选择完成后，通过教师确认，最终选择了AMD A10-7700K。各团队选取代表利用周六时间到市里电子商城购买，经教师确认为正品。

四、翻转课堂教学策划与模板设计

（一）传统课堂与翻转课堂教学比较分析

1. 传统课堂与翻转课堂教学结构比较

翻转课堂教学是相对于传统课堂教学而言进行教学结构翻转。在翻转课堂教学全程中，以学习者为中心组织教学，学习者在课堂内外都是学习的主人，自主开展学习，教师是指导者、启发者，全过程培养学习者的自主学习能力。

2. "课前预习"与"课前学习"的异同性与作用

在传统课堂中，教师通常要求学习者进行课前预习，在翻转课堂中学习者要进行课前自主学习。那么，课前预习和课前学习是不是一回事呢？其实，这两者之间有着很大的不同。

3. 翻转课堂教学的"四转四重"特征

翻转课堂教学具有"四转四重"的特征，教师在实施翻转课堂教学过程中应把握好这些特征，以取得预期的教学效果。

（1）具有"四个转变"的特征：①从传统教学的"关注知识的传授"转向"关注学习者的发展"转变：以学习者为中心，以培养学习者职业能力为目标开展教学；②从传统教学的怎样"教好教材"向怎样"用好教材"转变：课程不等同于教材，教材是课程的主要知识载体。因此，在教学过程中，在充分发挥教材作用的基础上，将行业企业的新知识、新技术和新方法等及时融入教学内容之中；③从传统教学的注重"教"向翻转课堂教学的注重"学"转变：在教学过程中，教是促进教学的基础方法，学是实现教学目标的核心方法，而培养学习者的自主学习能力则是教学的主要目标之一；④从"传统教学"向"新理念教学"转变：教师和学习者的理念转变是核心。

（2）具有"四个注重"的特征：①注重学习过程：通过学习者积极参与到学习过程中，在学习过程中提高专业能力和学习业绩，以此实现教学目标；②注重学习者活跃的思维方式培养：在注重教学过程中，着重培养学习者的思维能力，发现问题的能力和分析解决问题的能力。学习知识只是培养学习者思维方式，职业能力的学习载体，而不是学习目的；③注重学习者自主学习习惯和能力的培养：自主学习能力培养需要一个长期过程，翻转课堂教学过程中，从课前、课中到课后，都通过一定形式、任务和压力来培养学习者的自主学习能力；④注重学习者合作精神的培养：团队合作能力是学习者将来从事各种工作岗位必备的职业核心能力。在翻转课堂学习过程中，采取团队合作方式组织学习，是培训团队合作精神和能力的有效方法之一。

（二）导学案与任务单的设计与模板

1. 导学案与任务单设计原则

在开展翻转课堂教学过程中，教师应提前设计好导学案或任务单，发给学习者以指导其课前或课中，课后的自主学习，避免产生无序、随意和不学等问题，使学习者少走弯路，实现有目的、有方法、有内容的学习过程，以取得高质量的学习效果。在自学内容复杂，较多时应设计导学案以指导学习者，相对简单、内容较少时可设计任务单（包含学习指南、学习任务、困惑与建议）以指导学习者完成自学任务。教师应依据如下原则设计导学案：①按微课程内容和教学进度计划设定课堂教学单元（2节课或4节课为一个单元），每个单元设计一份导学案或任务单。注意导学案与学案的侧重点有所不同；②根据每节课堂教学单元的教学内容，细化学习者自学任务和相应的学习资源；③每个课堂学习单元之间存在彼此衔接关系，每个学习单元涵盖至少一集微课。

2. 导学案模板设计

导学案模版分为理论教学为主和实践教学为主两种学习情况。教师可根据不同课程内容和要求对模板进行适当修改，以达到高效、高质量地指导学习者进行自主学习之目的。导学案设计重点是围绕应实现的教学目标，学习者应该学会或掌握哪些知识点、技能点，教学焦点等内容，通过学习哪些资料可以掌握这些内容，并通过作业训练自己检测是否实现了学习目标。

（三）翻转课堂教案设计与模板

1. 翻转课堂教案设计要求

教师在设计翻转课堂教案中的教学过程、步骤和内容时，应充分体现出以学习者为中心的理念和方法，可按如下要求进行：①通过各团队负责人汇报任务完成情况，教师可了解整个课前自学过程和效果；②教师通过组织团队内部交流和各个团队之间的答疑、互动活动，尽量使更多的问题由学习者自行解决；③针对学习者不能解决的问题，教师予以分析解决；④对任务完成情况、互动情况进行考评，要以团队自评、团队之间互评和教师综合评价方式开展；⑤对综合性作业、创新课题进行启发、引导；对有需求的学习者进行个性化指导。

2. 翻转课堂教案模板设计

以实践教学为主的翻转课堂教案为例进行设计说明。在模板中，教师应根据本次试训的具体内容将"教学内容"中每一个步骤的内容进行具体表述，使其成为一个完整的、有可实施内容和可操作性的实践教学方案。以理论为主的翻转课堂教案可参考实践教学方案进行相关内容的修订、完善，基本格式相同。

3. 微课程翻转课堂教案编写案例

通过一个实际应用案例对翻转课堂教案（实践教学为主，仅供参考）的编写方法和要求进行说明，其格式可作为模板使用，具体内容应根据课程内容进行填写。

（四）作业训练与测评方法设计

在微课程与翻转课堂结合的教学模式中，应设计进阶式作业、综合性作业和创新性课题三种类型的作业题进行阶梯式训练，并设计相应的测评方法进行自我测评、互评和教师考评。

1. 课前完成的进阶式作业设计

在课程网站中设计与微课内容密切关联的进阶式作业题，每学完一集微课，完成相应的进阶式作业并进行自测，学会后才能进入下一个微课视频的学习，以此实现学习者对学习知识的理解、简单应用的目的。基本要求如下：①每集微课后设计4~9个作业题，包含相关微课的教学焦点，还可包含其他非微课中的相关知识点、技能点，可分为2~3个难度等级，以满足不同学习者的需求；②采取激励方式，实行阶梯式升级考核体系，鼓励、促进学习者越学越感兴趣；③题目类型为选择题、填空题、判断题、简答题等；④微课程平台能自动进行评分、激励、晋级。

2. 课堂中完成的综合性作业设计

综合性作业是对所学的知识点进行综合性应用、解决问题方面的训练，安排在课堂上进行，使所学知识得到初级内化、迁移，形成初级职业能力。基本要求如下：①设计2~4

个较为复杂的应用计算、综合分析类的作业题，每个题通常需要 10~15 分钟完成；②每个题中涵盖 2 个以上的知识点、技能点，包括对应的微课中所有教学焦点和微课以外的一般性相关的知识点、技能点；③原则上分团队进行作业批改，培养学习者发现、分析问题的能力。

3. 课堂中，课后完成的创新性课题设计

创新性课题是来源于行业企业、社会需求等方面的真实课题，开始先设计一些简单的课题，随着知识、技能的积累逐步加大课题难度和应用的知识宽度、深度。以此来培养学习者的综合应用能力，实现中级水平的知识内化、迁移。每门课程可根据情况安排 8~12 个创新课题分阶段进行学习训练。创新性课题通常没有标准答案和解决方案，只有最佳方案。可采取研讨方式，试验方式或教师为主进行测评，要注意发现创新点。

4. 采取以学习者的学习过程为主导的综合评价模式

包括：①建立完善、详细的课堂教学过程记录和团队中自主学习过程、互动学习记录；②对学力（学习成绩、探究能力、操作技能、团队合作）、交往（执行力、文明交谈、尊重对方，赞扬他人，表达异议），健康（身体健康，心理健康，健康的学习与生活方式）、道德（公民道德、职业道德、职业素质、学术道德)4 个方面进行定性与定量结合的评价，可按照 30%、20%、20%、30% 的比例确定日常评价的综合分数；③可按过程考核占 60%、期末考试占 40% 的比例进行课程的综合考评；④有创新成果应单独制定加分方案，鼓励更多的学习者进行创新性学习和研究；⑤应制定对团队整体与个体结合的考核评价方法，避免学习者游离于团队之外。

五、翻转课堂教学实施设计与过程控制

（一）对教师和学习者进行必要的培训

由于微课程、翻转课堂教学等是最近几年新引进的教学理念和方法，很多教师和学习者不理解、不知情，也不习惯这样的教学模式。因此，为了能够有效地开展好教学活动，必须事前对教师、学习者进行系统性培训，转变学习理念，在此基础上使其掌握新的学习，教学方法。在教与学过程中体验这种新模式的优点和收获，通过不断调查了解教师、学习者的感受和意见，进行改进和完善，逐步使微课程与翻转课堂结合的教学模式日益完善，才能取得预期的教育教学效果。不能盲目、跟风和抄袭其他院校的做法，否则会产生很多的不适应症导致效果不佳或者失败。

1. 对教师培训的主要内容与方式建议

主要培训的内容有：微课程与翻转课堂结合的教学模式的发展前景与意义、微课、微课程、慕课、翻转课堂的概念及其深刻内涵、微课程系统设计方法、微课设计与制作方法、翻转课堂教学方法以及相关的软件操作应用、微课作品研读、教学方法应用等内容、指导教师以团队合作方式开发设计微课程并用于教学。

2. 对学习者进行培训的主要内容与方式建议

主要培训的内容有：微课程与翻转课堂结合的教学模式的发展前景与意义、微课、微课程、慕课、翻转课堂的概念及其深刻内涵、自主学习方法、研讨互动学习方法、团队合作学习和创新性学习研究方法等，激发学习者的学习兴趣、学习主动性和积极性。通过师生共同努力，提高教育教学质量，实现教育教学目标和学习者的成才目标。

（二）翻转课堂教学组织实施方法

1. 静态与动态的有机结合

微课程与翻转课堂教学之间存在着"动静互补的关系"，在实际教学过程中如何运用这一关系呢？微课程与翻转课堂结合的教学模式具有系统性、完整性特征，应按照静态设计方法和程序要求开展课前自主学习，课中组织学习，课后巩固学习三个环节的教学活动。在具体实施过程中，要根据学习者的实际学习业绩情况，对课中、课后学习内容和要求进行动态微调，以实现因材施教、高效率、高质量的学习要求。在这三个环节中，教师应根据学习者提出的超预期问题进行扩充指导，以满足不同学习者的求知欲望和学习需求。通过各个教学环节的学习情况进行信息反馈，提出改进、完善措施，适当调整教学内容，以形成持续改进，良性螺旋性学习业绩提高的新局面，避免因某个环节出现问题没有及时得到解决而导致恶性循环问题发生。

2. 学习者自主学习的组织方法与要求。

（1）以学习团队作为基本单位开展教学：通过自愿组合或适当干预的方法，组建学习团队，每个团队 3~5 名学习者。每个团队完成相同的学习任务。通过团队协作的学习氛围，促进团队间的交流探讨。根据每次的学习任务进行明确分工，实行团队负责人负责制度。在团队负责人的带领下，组织团队成员自主学习、互动交流、合作解决重大难题，共同完成团队学习任务，增强团队的协作能力、人际交流能力和创新能力。

（2）课前自主学习的组织要点：首先，学习者应按照导学案或任务要求，全面、系统地学习微课视频、教材和相关教学资料，有问题尽量自己解决。实在弄不懂的问题，应及时通过团队成员面对面交流或微课程网站上互动交流进行解决。其次，在本团队内部通过研讨解决，通过微课程网站平台与其他团队的学习者互动解决。如果还没有解决问题，则通过 QQ 或其他方式与教师互动解决。

（3）课堂上的学习组织与实施：在课堂进行学习过程中，首先，应根据课前、课后团队成员自主学习情况，经过团队成员研讨后，由团队负责人向班级全体学习者和教师进行总结汇报；其次，学习者应将课前、课后自主学习中没有彻底解决的问题，再次在团队中进行交流，并确定是否将其作为难题提交到课堂上研讨。

在教师组织下对各个团队提出的难题进行团队间的研讨、互相解答，以增进学习者之间的情感交流、培养团队合作精神。教师应将更多解决问题的机会交给学习者，重点培养其探究问题、解决问题和沟通交流能力。针对班级学习者共同面临的、无法解决的重大问题，由教师完成解答任务。学习者参与完成团队内部、团队之间以及教师的评价活动。团队负责人应记录本团队成员的各种表现与业绩；教师应记录各个团队及相关学习者的表现与业绩。

（4）课后巩固学习的组织方法：课后自主学习的内容包括对课堂学习中研讨的问题进行系统总结、对综合性作业进行回顾复习，课堂中没有完成的创新课题在课后继续完成。学习者自己安排巩固学习的内容和学习方式，遇到难题无法解决时，可以通过团队内部互动解决，仍无法解决问题时可向其他团队或向教师求教解决。

3. 课堂上教师的教学组织要点

教师在组织课堂教学过程中，按照翻转课堂教案组织进行，但不能死搬硬套教案中的规定程序和内容，应根据具体课堂进展情况和学情进行必要的微调，要求如下：

（1）对某些问题、疑点引导学习者提出疑问：关键性问题可采用苏格拉底方式进行提问，刨根问底，使问题的解决具有一定的深度和广度，以此来培养学习者的思维模式和分析解决问题的能力。

（2）在各个团队负责人汇报本团队自学情况和存在的问题的过程中，教师应认真聆听并准确把握每个团队自学情况及存在的问题：要组织团队之间进行互评，包括完成自学任务情况、课堂上回答问题情况、课堂上完成综合性作业情况。通过团队内互评，团队之间互评，提高学习者的互动交流能力和发现问题能力。

（3）在学习者研讨过程中，教师应巡回检查、指导，对不积极参与研讨、开小差的学习者应及时予以指正：促进每个团队的研讨更加活跃、充分，将头脑风暴法、六种思考法等方法教给学习者应用，以取得更好的、深入的、全面的研讨结果。

（4）教师在备课、编写翻转课堂教案过程中，每堂课应适当准备 1~3 个具有代表性、一定深度和广度的综合性研讨题目，根据时间、学习者掌握的知识、技能情况，在恰当环节提出来，供学习者研讨解答。这类研讨题尽量不要有固定、标准答案，可以从不同角度进行分析解答，以此培养学习者的多角度分析问题，解决问题的能力。

（5）课堂上，教师应以鼓励、赞赏的语气为学习者回答问题打气，不要轻易否定他们的答案：只要动脑筋思考，就是进步。当学习者回答问题时，原则上让其他学习者不断地进行补充、完善，在此过程中，培养学习者深度思考、探索的能力。

（三）实践训练的组织方法

实践教学中的相关理论、原理、方法步骤和注意事项等内容，都在微课视频中进行讲解，有些微课视频中还有教师示范操作、学习者操作等内容。通过课前自主学习，学习者应牢固掌握这些理论知识和方法，为课堂上开展实践训练打下基础。

1. 简单项目的实践教学组织

对于相对简单，没有安全环保问题的实践项目，可参照如下步骤组织教学：

第 1 步，组织各个团队进行 5~10 分钟研讨，使其牢固掌握操作方法和注意事项。如果还存在不明白的问题可进行研讨解决，或向教师咨询。

第2步，对各个团队没有解决的疑难问题，组织互动解答。

第3步，各团队开始按照规定程序进行实践操作、训练。在学习者操作训练过程中，教师巡回检查、指导，发现问题及时进行引导、更正。

第4步，检查各个团队的实践操作，产品质量。

第5步，对产品质量方面存在的问题组织进行研讨。

第6步，进行本节课程的总结，布置课后作业。

2.复杂或具有安全、环保项目的实践教学组织

对于相对复杂、具有安全、环保要求的项目，在进行实际操作之前应对操作中的关键步骤、安全要求、环保要求等进行强调，避免在操作训练过程中发生问题或造成事故，确保学习者的人身安全和财产安全。可参照以下步骤进行：

第1步，组织各个团队进行 5~10 分钟研讨，使其牢固掌握操作方法和注意事项。并对安全、环保问题进行研讨，提出不能解决的问题。

第2步，对各个团队不能解决的疑难问题，组织互动解答。并强调安全、环保要求和关键操作要求。

（四）教学反馈与持续改进

教学反馈与持续改进是保证微课程教学质量的关键环节之一。通过翻转课堂的教学实施过程发现微课视频、助学资料、教案等各方面存在的优势和缺陷、不足和问题，及时进行系统分析研究，提出相应措施，反馈到相关微课程设计、翻转课堂设计，教学实施等环节，使其更加完善，避免类似问题和错误在以后的教学过程中出现。

翻转课堂教学过程的反馈是多维度、多方式的。反馈信息来自不同层面、不同渠道，涉及微课程设计，翻转课堂教学的各个环节。因此，这种反馈体系有效地保证了获取信息的多样性和信息处理的及时性，对整个教学过程的调整和教学效果的改善具有重要意义。从学习者层面的课外自学进度、学习困难、对教学资源的意见等可借助微课程平台、QQ群、微博等传递给教师。课内研讨、互动直接给学习者提供反馈信息渠道。从教师层面的课堂研讨、互动是获得反馈信息的重要途径，完成各种类型作业的质量，在线互动研讨情况也是教师获得学习效果的途径。只要教师注意收集反馈信息，认真进行教学研究分析，及时对相关教学资源、教案、课外指导和教学方法等环节或内容进行调整、补充和改进，并在课堂内及时地、有针对性地查漏补缺，就能充分发挥出 123 微课程教学运作模式的各项优势，实现提高教育教学质量的目的。

第三节 交互式微课在高校数学翻转课堂中教学效果的研究

在信息技术飞速发展的时代下，传统的教学模式遭受了猛烈的冲击，翻转课堂（flipped class-room）混合式学习（blended learning）、适时教学（just in time teaching）等新的教学理念成为热门。笔者尝试在高校数学教学中采用翻转课堂这一教学模式，利用信息化技术，设计制作高等数学的微课，对学生的学习时间、学习态度和学习效果等方面对比研究，探讨翻转课堂教学模式对高校数学的促进作用。

一、翻转课堂教学模式下微课的发展

翻转课堂是指在信息化环境下，教师提供教学视频为主要形式的学习资源，学生在课前完成对教学视频的观看和学习，师生在课堂上一起完成作业、探究答疑和互动交流等活动的一种新的教学模式。翻转课堂提倡的是以学生为中心，实现个性化学习、自主学习，先学后教，以学定教，注重学习的过程，它在根本上改变了教学结构，将传统课堂中知识传授转移至课前，由课后作业实现知识内化转换至课堂中的交流活动。

（1）传统课堂：先教后学。

（2）翻转课堂：以学定教。

微课设计和制作是翻转课堂教学模式实施的基本条件之一，高尚德在《"微课"：课堂翻转的支点》文章中鲜明指出微课具有微小内容、微小时间、微细讲解和微小数据四个特点。我们现在比较公认的是，胡铁生在《微课：区域教育信息资源发展的新趋势》文章中指出的微课是教师针对某个知识点的讲解而录制下来的一种短小的课例片段，其特点是短小精悍、主题突出、指向鲜明。微课的表现形式有很多，最早的有可汗学院的数学教学视频，后来的有单播式微课，发展到现在的交互式微课等，不管哪一种，它们都依赖于信息化技术，本着以学生为主体，从学生的角度，体现个性化学习。

二、微课在高等数学翻转课堂实际教学中的开展情况

高等数学是高校数学基础教育中最基本的一门数学课程，也是大部分理工科学生必修的一门公共基础课程，由于它逻辑严密、推理严谨，使得很多学生都望而生畏，因此有必要对高等数学的教学进行研究，激发学生的学习兴趣，提高教学效率。学者尝试了高等数学教学改革的试验，对某校 2014 机电一体化 1 班（文中简称机电 1 班），学习第八章"向量与空间解析几何"这一内容时，采用翻转课堂的教学模式，对照班级为 2014 机电一体化 2 班（文中简称机电 2 班），从学生学习兴趣、学习时间、学习效果等方面，采用问卷调查、个别访谈等方式，检查翻转课堂中使用微课对高等数学的教学有无促进作用。

1. 学情分析

高校院校生源主要有：通过高考选拔录取的普通高中学生；没有参加普通高考，只是通过自主单独招生录取的普通高中学生；还有少部分从职业中学按对口专业单独录取的职校生。近年来由于高考录取方式的调整，一部分高校院校又开始进行注册入学，使得高校生源的文化基础差异愈加明显。我们基础课教师面对的班级学生的情况错综复杂，比如同样的园艺技术班级，有文科类学生和理科类学生并存的局面，再比如同样都是机电一体化班级，经常出现高考数学成绩超过一百分的学生和高考成绩只有二十分左右的学生并存的现象。

如某机电 1 班自主单招学生占本班总人数的 51.2%，机电 2 班自主单招学生占本班总人数的 59.5%，与参加过普通高考的学生相比，自主单招学生的学习成绩和学习自觉性相对较薄弱。除此之外，大部分学生都对数学这门课程存在畏难心理。为了了解学生在实施微课教学前后兴趣的变化情况，学者先对机电 1 班学生对数学的兴趣情况进行了调查，发放调查问卷 41 份，收回 41 份，无效卷 0 份。调查问卷共 5 题，4 道客观题，1 道主观题，调查结果如下：

从表中可以看出，对数学"非常有兴趣"和"比较有兴趣"的人数共 16 人，占全班总人数的 39%，而"兴趣不大"和"完全没兴趣"的人数共 25 人，占全班总人数的 61%，可见大约六成的学生对高等数学的兴趣并不高，而且这样的现象在高校院校中非常普遍。

2. 微课教学设计

学者充分了解了学生的情况，根据教学内容安排，选择了高等数学的"向量与空间解析几何"这一章内容并制作了微课，下面列举一个微课教学设计。

3. 翻转课堂的实施过程

（1）课前完成学习任务单：教师在课前先布置一个学习任务单，例如：观看视频、查阅资料、完成先导练习等。旨在体现个性化学习，基础好的学生可能观看一遍视频就可以完成先导作业，掌握重点知识；而基础差一些的学生也许多看几遍视频就能达到预期效果；再差一些的学生可能就需要教师个别辅导了。

（2）课堂交流互动，解答疑惑：教师根据学生任务单的完成情况，因材施教，设计教学过程，体现以学定教的教学理念。大部分学生完全掌握的知识点可一笔带过，比如"空间中点的表示""空间向量的线性运算"等内容；学生错误率较高或学生提出有异议的问题可以在课堂上重点讨论，比如"空间向量的矢量积""空间平面和直线的求法"等。当然这些内容也基本是通过小组讨论或个人展示的方式来表达，一般不采用传统的教师传授的方式。

（3）总结反馈，完成网上互评：在教师的引导下，学生参与论坛讨论，及时反馈对知识点的掌握程度，通过在线完成作业，并对班级其他学生作业互评。在互评过程中，学生对知识点的理解程度会更加地深刻。

二、高校数学混合式翻转课堂教学模式的构建

高校数学的教学目标主要是为专业课程提供必需的数学基础，因此，在具体教学实践中，教学内容的选择应以"必须够用"为准则，努力实现高校数学与专业课程的对接。知识的讲授顺序应按照以下的思路进行：由专业案例引出数学概念，根据专业学习需要讲授必需的计算方法，学完数学知识后再回到专业案例的解决中去。这里将高校数学的教学课型分为概念学习课、计算方法课和知识应用课，不同课型的教学目标、教学内容均是不同的，因此其教学流程也应有所区别。

1. 概念学习课的教学流程

概念学习课的设计首先需要注意以下两个问题：

（1）合理应用翻转课堂。目前的高校数学教材中，一些概念以描述性概念的形式出现（如函数，极限等概念），这些概念更易于理解，因此选用翻转课堂教学；而另外一些概念必须以定义性概念形式（如定积分）表述才不会影响数学的科学性，这部分概念逻辑性较强，比较难理解，应采用传统课堂教学。

（2）概念的引入均使用案例教学法。即应用翻转课堂的概念课、课前提供的微课及课件等资源均以专业案例引入概念；而对采用传统课堂的概念课，也可以在课前提供能引起思考的相关专业案例分析视频，为课上教学做准备。

2. 计算方法课的教学流程

根据专业知识的需要，计算方法课在教学过程中主要讲授必需的定理、公式及数学方法，在其混合式翻转课堂设计中，要注意以下问题：

（1）考虑到高校生数学基础普遍薄弱的实际情况下，在课前给学生提供与本节课学习相关的基础知识补充资料的课和课件。如在讲解"导数在函数单调性应用"一节中，可提前提供关于因式分解和不等式等相关内容，学生可以针对自己情况有选择性地学习。

（2）教师根据个人经验，对相对难理解的计算方法采用传统课堂教学，较易接受的计算方法可采用翻转课堂。如对不定积分的分部积分法，可采用传统课堂进行教学，而当讲授定积分的分部积分法时由于有了之前的学习基础，学生理解起来相对容易，可应用翻转课堂进行教学。

3. 知识应用课的教学流程

在基础数学知识学完之后，将进入到知识应用课的学习，目的是利用已学的数学知识解决专业相关案例，培养学生的应用能力和创新能力。同时介绍数学知识在其他领域的应用，拓宽学生知识面。对此类课型采用了传统课堂教学，主要应用案例教学法、小组讨论法等教学方法。在这个过程中，教师设疑，引导学生独立思考，同时讲述解决方案的环节也锻炼了学生的表达能力。

三、教学保障措施

新教学模式对教师教学水平的要求提高了，对教学资源也有了更多地需求，因此，在教学开始前必须做好充分的准备，才能使得教学顺利实施。

1. 开展教师技术培训

新教学模式实施前，教师需对混合式翻转课堂这一新教学模式深入了解，还需要掌握微课制作、教学课件制作等技术。因此，教学实践前应邀请专家对高校数学任课教师开展翻转课堂相关技术的培训，内容包括如何开展翻转课堂、微课开发技术学习（如 Camtasia Studia 软件，视频处理软件等软件学习）、多媒体课件制作（如 PPT2010 的使用、图片处理工具、动画制作方法等），为混合式翻转课堂教学模式的展开打下基础。

2. 开发配套资源库

新的教学模式下高校数学的教学必须配备一套与专业对应的资源库，其内容包含课件、微课、专业案例、教案及试题等，教师可以从网上选择合适的资料，也可以根据个人需求制作。无论是网上选取的内容还是个人制作的内容都要遵循生动有趣的原则，特别是微课的制作，为了激发学生的学习兴趣，应该精心设计教学过程并合理采用动画、图形、图像等内容，尽量将抽象的数学知识变得生动具体。

3. 建立信息交流平台

随着智能手机与网络的普及，课前学生与教师的交流途径变得更简单，如邮件、短信、QQ 群或微信群等。通过这些途径，学生可以随时随地向教师询问问题，教师也能将每节课的学习资料及时上传到网上供学生下载学习。

第四节　翻转课堂在高校数学教学中的应用

五年制高校教育是国家高等职业教育的重要组成部分，承担着培养应用型高素质人才的重任。但是生源素质过低，整体学习基础较差，自学能力较低，没有良好的学习习惯，特别是数学方面，学生没有学习兴趣，甚至失去了学好数学的信心，导致课堂死气沉沉，师生之间缺乏互动交流，不少学生上课不专心听讲，不积极主动思考，甚至"睡倒一大片"，作业马虎，抄袭现象严重，不懂的问题不闻不问，学习被动，更加不注重知识形成过程，只会简单记忆、机械模仿。高校院校的数学课程相较于专业课程来讲，教学方式传统单一，内容不实用，种种因素造成数学课堂效率较低，学习效果不理想。

翻转课堂是一种全新的教学模式，教师提供以视频为主的学习资源，学生在课前完成学习资源的学习，师生在课堂上一起完成作业答疑、协作探究和互动交流等活动。翻转课堂教学模式在信息技术的支持下，为我国教学模式的创新提供了新思路，对翻转课堂的实践研究，试图激发学生学习数学的兴趣，培养学生自主学习的能力，提高课堂效率。

一、翻转课堂在高校数学教学中的应用

1. 课题

直线与圆的位置关系。

2. 学习内容分析

本节课是高校数学某册第八章《直线与圆的方程》中第七节内容，学生已经学习了用方程研究两直线的位置关系，点到直线的距离公式以及圆的方程，并且知道利用圆心到直线的距离与半径的大小关系可以判断直线和圆的位置关系，本节课主要利用数形结合思想方法，从两个角度进行分析，得出判断方法，对所学内容进行整合和升华，并为后续内容的学习奠定基础。本节课的教学重点是利用直线与圆的方程判断位置关系的两种方法，难点是利用方程研究与圆有关的问题。

本堂翻转课主要通过视频解决本节重点问题，学生通过视频学习以及课前学习任务单上的练习，充分理解两种判断方法以及三种位置关系的特征，难点主要在课堂上进行深化拓展解决。

3. 学习目标分析

（1）教学目标记忆：掌握直线与圆的三种位置关系。

（2）教学目标理解：理解直线和圆的方程所组成的二元二次方程组的解与位置关系的对应关系。

（3）教学目标应用：能根据已知条件判断直线与圆的位置关系，能够利用方程组求直线与圆的交点。

（4）教学目标分析：通过数形结合，分别从代数角度以及几何角度判断直线与圆的位置关系。

（5）教学目标反思：比较两种判断方法以及各自适用题型范围。

（6）教学目标创新：利用直线与圆的方程研究与圆有关的问题。（目标达成情况通过各阶段的练习作业以及课上讨论情况判断）

4. 学习者特征分析

对于直线和圆，学生已经很熟悉，并且知道直线和圆的三种位置关系：相交、相切，相离。从直观感受上，学生懂得用圆心到直线的距离和圆的半径作比较来研究直线与圆的位置关系。本节课只是进一步地挖掘直线与圆的位置关系中的"数"的关系，学会从不同角度分析思考问题。在具体求解时可能会存在计算障碍，涉及二元二次方程组，因此在课前应该准备两个视频，一个介绍主要知识点，另一个通过具体例题示范解题步骤以及可能出现的问题。

二、翻转课堂教学应用

通过教学实践以及学生的调查反馈、课堂效果、作业及考试情况，反映出翻转课堂教学模式在提高课堂效率方面具有一定的优势。

在课前，学生通过观看教师准备的视频资料和纸质的学习资料，进行自主学习，并完成一定的课前自测，这个过程主要希望学生进行独立思考，对本节的内容有一个初步认识，对存在的问题进行记录；学生可以根据自己的学习情况掌握学习过程，在一个宽松的学习环境中进行学习。教师提供的课前资源丰富多样，可以是概念讲解的视频，可以是学生可操作的动画，还可以是讲述有关数学史的小故事。学生对微课视频接受度较高，这也充分体现了现代教育技术对教育的影响。

在课堂上，学生主要以小组的形式开展学习活动，进行互助学习，相互检验学习成果、讨论存在的问题，学生能够进行有目的性的学习，这样也有助于提高学生课堂学习的兴趣，使学生更容易获得学习成就感，对进一步学习起着促进作用，学习效果也就随之提高。实践中发现，学生在已经掌握了一定的知识后进行讨论，目的性更强，掌握知识的速度越快，知识的掌握程度也越高。在这过程中，教师主要负责组织和指导工作，推动教学进程，促进学生进行知识内化。

翻转课堂教学模式实现了以学生学为中心的课堂教学，实现了教师角色的转变，是值得推广的一种新型教学模式。

第五节　高校数学"翻转课堂式"数学网络学习社区的建构

在素质教育逐渐取代应试教育地位的当今社会，学生在课堂中的主体作用开始被越来越多的人所重视，以引导学生主动对学习内容进行探索为主要目的的翻转课堂式教学走入了各个高校的课堂，数学作为在人们日常生活中应用范围极为广泛的学科，其重要性自然不言而喻，本节立足于当今的时代背景，从翻转课堂式教学的特点出发，详细论述了应用翻转课堂进行教学的目的、现阶段存在的问题和数字网络学习社区的建构分析，供广大高校教师参考。

随着新课改的大力推行，培养学生自主学习的能力在学生成长过程中的重要性开始为人们所熟知，翻转课堂式教学正是依托于当前的背景而产生并且逐渐发展起来的，由于高校学生正处于人生的重要阶段，对知识的接受和学习能力较强，但由于高校学生存在学习能力参差不齐的情况，因此，只有让每一位学生根据自身的特点有选择性地进行学习，才能提高学生的自主学习能力，所以，建构网络学习社区就成为提高学生学习效率行之有效的方法。

一、翻转课堂式教学的特点

（一）减少了教师在课堂上的讲解时间

在传统的教学观念中，教师在课堂上占据绝对的主导地位，而学生对知识的吸收大多来自教师的讲解，这是非常不利于激发学生学习兴趣的，翻转课堂式教学的出现为学生提供了更多自主学习的时间和空间，对培养学生自主学习的能力也是非常有利的。

（二）将学生作为课堂的主体

翻转课堂式教学的产生和发展打破了传统地教学理念，提高了学生在课堂上的参与度，在教学的过程中教师需要针对每一位学生的实际情况对教学的内容和计划进行及时的改变，这将激发学生的学习兴趣作为最终目标而开展教学。

（三）对丰富的资源进行合理运用

运用翻转课堂式教学方法开展数学教学的核心就是通过对与教学内容相关的数据、信息、设施以及资源等元素进行合理利用，达到突出教学效果和提高教学效率的目的，因此，翻转课堂式教学可以在很大程度上培养高校教师对教学资源进行合理利用的意识和能力。

二、开展"翻转课堂式"高校数学教学的目的

随着新课改革的大力推行，传统的应试教育逐渐被素质教育所取代，而学生在课堂上的主体作用也开始被越来越多的人所熟知，因此，翻转课堂教学模式的产生是与社会发展的趋势相符合的。翻转课堂式教学的核心理念是通过鼓励和引导的方式培养学生进行自主学习的意识和能力，通过激发学生的学习兴趣，让学生主动对所学习的知识进行更深层次的思考和探索，而高校学生与普通高中生相比在学习水平和能力方面稍显不足。因此，建构网络学习社区对于高校院校来说就显得极为重要，只有这样才能在最大程度上消除高校学生在学习能力方面存在的差距，使他们能够在相应的平台上根据自身的实际情况有选择性地开展学习活动。

三、现阶段高校院校开展"翻转课堂式"数学教学存在的问题

（一）教学内容复杂枯燥

数学作为一门概念性极强的学科，其中的部分内容对于高校学生来说稍显复杂，而传统意义上的课堂教学又是以教师单方面的讲解为主，复杂的学习内容和枯燥的教学方法叠加在一起，就是导致高校学生很难对数学产生兴趣的主要原因之一。

（二）学生的学习能力参差不齐

高校院校相对于普通高中来说具有招生范围广的特点，这就导致了高校学生存在学习能力参差不齐的情况，使学习能力较差的学生难以对所学习的数学内容进行透彻地理解和掌握，但是大部分高校院校采取的都是大班式教学，教师很难做到针对每一位学生的特点因材施教，久而久之，就会导致部分学生丧失对数学的学习兴趣。

（三）课程的要求相对较高

高校学生与高中学生相比在对新知识的学习和接受能力方面稍显不足，而数学又是一门需要具备极强的推理能力和理科思维才能进行高效学习的学科。对高校学生来说，想要对所学习的内容进行透彻理解并且能够灵活运用需要付出很多的时间和精力，长此以往，会给高校学生造成心理压力，最终出现数学课堂的教学效率以及学生本身的学习效率整体下降的情况。

四、高校数学"翻转课堂式"数学网络学习社区的建构分析

（一）高校教师和学生均为网络学习社区的建构者及拥有者

应用翻转课堂进行数学教学的过程中，需要高校学生根据自身的实际情况对学习计划进行有计划的调整，例如学习能力、学习习惯等，在确定学习内容和计划的基础上，通过网络对自己所需要的学习资源进行获取，开展相应的学习活动，因此，在这个过程中存在一个媒介是非常必要的，SharePoint平台应运而生。SharePoint平台对网络学习社区的建构具有非常重要的作用，高校的教师和学生在充分了解该平台原理的基础上对其进行操作就会变得较为容易，而利用该平台对"翻转课堂式"数学网络学习社区进行建构，则可以达到事半功倍的效果。网络学习社区的建构可以为高校教师和学生在对数学进行教学和学习的过程中提供丰富的资源，但是由于建构网络学习社区是以高校教师和学生对SharePoint平台所具有的办公程序、Web浏览器以及电子邮件进行探索和融合为基础所形成的，这就决定了网络学习社区对高校师生通过"数字化校园"进行培训的效果具有极强的依赖性，所以说，高校教师和学生既是"翻转课堂式"数学网络学习社区的建构者，同时又是拥有者。

（二）为高校教师和学生提供了各种交流的模式

通过翻转课堂的模式进行数学教学，需要高校教师和学生通过课堂上进行探讨的方式将所学习的知识由表面向内化转变，SharePoint平台同样具有这一功能，教师和学生可以将在课堂上开展的活动和完成的内容转移到网络上，以网络的方式对其进行实现。因此，这就需要网络学习社区必须具有极强的互动性，能够使高校教师和学生在这个平台上实现一对一，多对多以及一对多地探讨。例如，高校数学教材的《导数和微分》一章，教师在利用网络学习社区进行教学时，就可以避免高校学生在学习过程中遇到困难无法及时得到

解答的情况发生，高校学生在对高阶导数的内容或是对导数进行求导的相关法则进行自主学习时很容易出现对其内容理解不透彻的情况，而受到环境的制约又无法及时向数学教师提出问题，解决自己的疑惑，这对于提高学生的学习效率是非常不利的，建构起相应的网络学习社区后，高校学生就可以在 SharePoint 平台上将自己学习时遇到的问题向数学教师和其他同学进行提问，教师或其他同学也可以在第一时间对问题进行解答，这对学生进行下一阶段的数学学习是非常有利的。除此之外，SharePoint 平台还可以针对不同学生的实际需求对开展小组学习的方式进行灵活调整，因此，建构网络学习社区可以在促进高校教师和学生间的情感交流的同时，促进高校院校的数学教育快速发展。

（三）为高校学生构建起个性化的学习环境

翻转课堂式教学的一个主要特点是以学生在课前对将要学习的知识进行充分的预习为基础，在此基础上将课堂的学习时间进行最大限度的延长，从而实现提高学生学习效率的目的，因此，能够让学生在进行数学学习的过程中通过对情景模拟、对话合作等方式进行合理利用最大限度地发挥学生在课堂上的主体作用，从而实现对所学知识由表面转向内化。因此，构建起具有个性化的学习环境就成为能否使高校学生对数学所产生兴趣并且主动进行学习的主要途径，如何通过网络建构起数学学习社区，提高学生获取相关学习资源的便捷性并且通过教师的网络指导主动对所学习的数学知识进行探究，就成为现阶段高校数学教师共同面临的挑战。例如，高校数学教材关于《微分导数和中值定理的应用》一课，教师在利用网络学习社区进行教学时，就可以引导学生在 SharePoint 平台上构建自己的"网站"以及相应的"数据库"，然后将自己通过搜集和整合所获得的与学习内容相关的材料上传到"网站"或"数据库"中，并且与他人进行共享，例如泰勒公式、微分的中值定理等，需要注意的是，学生在对相关资料进行整合和上传的过程中应当关注资料的内容和形式，若是资料的内容中包含较多曲率知识，那么则需要将资料内容转化为图像再进行上传和储存，只有这样才能保证资料的有效性，提高高校学生的学习效率。

（四）促进了课堂评价机制的发展和完善

开展翻转课堂式的数学教学不仅需要教师对学生的学习成果进行评价，同时还需要对学生在学习过程中所表现出的态度进行评价，通过针对不同的学生建立起相应的学习档案，达到将定性与定量评价、他人与自我评价以及形成与总结评价有机结合的目的。由于高校学生与普通高中学生相比，在学习能力方面稍有不足，因此，在对数学网络学习社区进行建构的过程中，需要教师尤其注意评价的内容，学生的学习态度、学生选择问题的能力、学生对学习时间的安排以及学生在进行成果展示时的表达能力等都需要教师进行评价，传统教学理念中对学习成果进行评价反映出的是教师对学生对所学知识掌握程度的重视，而在翻转课堂中所应用的评价机制则更多的是对学生进行数学学习的过程进行记录，因此，在开展翻转课堂式的数学教学时，教师应当尤其注意对评价信息载体进行选择，这也会在很大程度上影响应用翻转课堂进行数学教学的效果。

综上所述，翻转课堂式教学的出现满足了当前素质教育背景下对高校数学教师课堂教学的要求，因此，将翻转课堂的教学模式应用到各个高校院校的课堂中已经是大势所趋，数学作为各阶段的学生都很难掌握的学习内容，对学生未来的生活具有非常重要的影响，因此，构建数学网络学习社区是非常有必要的，只有这样才能做到充分激发学生的学习兴趣，使其主动对所学知识进行深入的探索和思考，进而提高高校学生的数学综合能力。

参考文献

[1] 冷芬腾，吴有昌．旨在培养高阶数学思维能力的教学创新与实践 [M]．广州：华南理工大学出版社，2018.04.

[2] 高子清，林晓颖，周淑红．数学思维拓展 [M]．北京：中国铁道出版社，2018.07.

[3] 沈文选，杨清桃．数学欣赏拾趣 [M]．哈尔滨：哈尔滨工业大学出版社，2018.05.

[4] 王燕荣．数学方法论 [M]．成都：西南交通大学出版社，2018.10.

[5] 孙立权．数学教学创新细节 [M]．北京 / 西安：世界图书出版公司，2018.11.

[6] 刁晶华．数学思维教育理论与实践研究 [M]．成都：电子科技大学出版社，2018.04.

[7] 卞文．数学素养培养探索之路 [M]．青岛：中国海洋大学出版社，2018.03.

[8] 刘菊芬．高等数学教育研究 [M]．北京：九州出版社，2018.06.

[9] 王红平，侯艳春．数学课堂教学新思维 [M]．长春：吉林人民出版社，2019.06.

[10] 姜伟伟．大学数学教学与创新能力培养研究 [M]．延吉：延边大学出版社，2019.05.

[11] 季洁宇，田青兰，褚国娟．数学课堂教学与解题技巧 [M]．北京：经济日报出版社，2019.04.

[12] 田茂国，李靖刚，严中诚．数学 [M]．成都：电子科技大学出版社，2019.01.

[13] 田树林，刘强．审辩式思维 [M]．北京：光明日报出版社，2019.01.

[14] 沈文选，杨清桃．数学测评探营 [M]．哈尔滨：哈尔滨工业大学出版社，2019.05.

[15] 陈伦全．开发学习潜能的高阶思维教学案例 [M]．成都：四川大学出版社，2019.02.

[16] 陈永畅．数学教育教学实践探索 [M]．长春：吉林大学出版社，2019.01.

[17] 刘莹．新时代背景下大学数学教学改革与实践探究 [M]．长春：吉林大学出版社，2019.04.

[18] 徐雪．大学数学教学模式改革与实践研究 [M]．北京：九州出版社，2019.12.

[19] 郑艳霞，邓艳娟．数学实验 [M]．北京：中国经济出版社，2019.12.

[20] 褚蕾蕾，王天军，陈绥阳．现代数学与计算机文化 [M]．北京：北京理工大学出版社，2019.12.

[21] 阮其华，晏瑜敏，林雨姣．数学竞赛教程 [M]．厦门：厦门大学出版社，2019.12.

[22] 徐泽贵．数学解题思维与能力培养研究 [M]．长春：吉林人民出版社，2020.05.

[23] 唐小纯.数学教学与思维创新的融合应用 [M].长春：吉林人民出版社，2020.06.

[24] 谭明严，韩丽芳，操明刚.数学教学与模式创新 [M].天津：天津科学技术出版社，2020.05.

[25] 史悦，李晓莉.高等数学 [M].北京：北京邮电大学出版社，2020.09.

[26] 张华英，夏云.大学数学 [M].北京：北京理工大学出版社，2020.09.

[27] 邵丽云.在思与行中积淀数学教学的智慧 [M].济南：山东大学出版社，2020.10.

[28] 孙传香.数学教学中思维方法与应用研究 [M].长春：吉林科学技术出版社，2020.08.